JN056196

食料安保とみどり戦略を組み込んだ基本法改正へ

—正念場を迎えた日本農政への提言—

編集代表
谷口 信和

編集担当
安藤 光義

筑波書房

日本農業年報編集委員会（50音順）

編集代表　谷口信和　（東京大学名誉教授）

編集委員　安藤光義　（東京大学大学院農学生命科学研究科教授）

石井圭一　（東北大学大学院農学研究科教授）

磯田　宏　（九州大学大学院農学研究院教授）

菅沼圭輔　（東京農業大学国際食料情報学部教授）

西山未真　（宇都宮大学農学部教授）

東山　寛　（北海道大学大学院農学研究院教授）

平澤明彦　（農林中金総合研究所理事研究員）

『日本農業年報68』以降の刊行について

日本農業年報は第68号から出版元を筑波書房に代えて出版継続に漕ぎつけた。専門図書出版をめぐる困難な情勢下にあって、筆者らの申し出に快く応じて下さった同社の鶴見治彦社長に心から感謝の言葉を申し上げたい。

第67号の公刊は2022年2月21日であったが、それから僅か3日後にロシアのウクライナ侵攻が開始された。戦争は短期間に終わるのではないかという楽観的観測はことごとく打ち砕かれ、今日に至るまで停戦から和平に至る道筋は泥濘の中にあって見出すことができない。ウクライナ戦争の勃発と停戦・終結の困難は、1989～91年にかけての冷戦体制崩壊をも超える第２次世界大戦後の世界秩序の大転換の始まりと捉えるべきものであろう。

したがって、日本農業年報も第67号と第68号の間には大きな断層帯が存在することが避けられない。第58号までの編集代表は明治から大正生まれの近藤康男・大内力・梶井功といった農業経済学の「巨星」が担われ、その後を戦後団塊世代に属する非力な私が継承することで何とか第67号まで辿りついた。そこで直面した出版中止の危機をこうした形で克服できたことは望外の幸せである。

今回の年報はタイトルを「食料安保とみどり戦略を組み込んだ基本法改正へ」とし、副題に「正念場を迎えた日本農政への提言」を据えた。ウクライナ戦争の勃発という衝撃的な事件はそれまでの気候危機・コロナパンデミックを惹起した新自由主義的なグローバリゼーションがもたらしてきた食料危機を一段と高いレベルに引き上げるとともに、食料・農業・農村基本法の見直しを食料安全保障の確立を軸として構想せざるをえない一大要因となった。新生日本農業年報の第１歩に相応しいテーマだということができる。これまでの読者に引き続きのご支援をお願いするとともに、新たな方々を読者として迎え入れることができればこれに優る喜びはない。

編集代表　谷口信和

[2022年12月11日　記]

はしがき

地球温暖化・気候変動危機、コロナパンデミックの継続、ウクライナ戦争勃発という三大変動の下で世界的な食料危機および各国農業の持続性の危機が顕在化している。日本は食料・農業・農村基本計画で繰り返し食料自給率の向上を目標に掲げ続けてきたが、依然として30%台後半のまま低迷している。そうした中、輸入に依存してきた穀物、飼料、農業生産資材の価格が高騰し、円安がそれに拍車をかけ、食料安全保障の確立が不可避の課題として認識される事態を迎えることになった。また、みどりの食料システム戦略によるカーボンニュートラル実現に向けた施策が法律の制定によって環境負荷低減活動として具体的に実践されることになった。日本農業の将来展望を示す食料・農業・農村基本法は時代が要請する課題に対応できなくなっているのである。基本法の抜本的な見直しを通じた日本農政の立て直しが求められており、政府も基本法の検証部会を設置した。しかし、現時点では具体的な方向はまだ見えてこない。そうした状況の下で再出発する日本農業年報68は「食料安保とみどり戦略を組み込んだ基本法改正へ—正念場を迎えた日本農政への提言—」というタイトルの下、食料安全保障とみどりの食料システム戦略を組み込んだ基本法の改正の方向を検討することにした。また、一部の論稿は具体的な提言にまで踏み込んでいる。

本書の構成は大きく２部から構成される。総論（谷口信和）に続く第１部は食料安全保障、第２部はみどりの食料システム戦略である。タイトルを記せば次のようになる。

第Ⅰ部は、「食料の安定供給のリスクに関する検証（2022）」が投げ掛けるもの（武本俊彦）、農業の担い手に関する現状と政策上の課題（安藤光義）、スイスの食料安全保障関連政策（平澤明彦）、飼料確保問題が焦点化する中国の食料安全保障（菅沼圭輔）、低自給率下における韓国の食料安全保障（品川優）の５本からなる。国内情勢の分析に加えて、日本にとって参考になると思われる海外の食料安全保障政策をわかりやすく紹介する。

第Ⅱ部は、みどり戦略は基本法のあり方にどのような変更を迫るのか（蔦谷栄一)、みどり戦略と食料自給率向上の可能性（鵜川洋樹)、北海道農業はみどり戦略にどう対応するか（東山寛)、EUにおける食料自給のシステム転換（石井圭一)、アメリカの食料供給体制改革計画の意義と日本への示唆（西山未真）の５本からなる。みどりの食料システム戦略の具体的な検討に加えて、日本が意識しなければならないEUと米国の最新の食料政策を紹介する。

その時代の状況を記録することが日本農業年報の役割の１つであるとされるが、数十年後に今を振り返るとどのようにみえるのだろうか。厳しい出版事情にもかかわらず発行を引き受けていただいた筑波書房の鶴見治彦氏に感謝申し上げる次第である。

編集担当：安藤光義

〔2022年12月12日　記〕

目 次

食料安保とみどり戦略を組み込んだ基本法改正へ

―正念場を迎えた日本農政への提言―

総論

新たな農業の基本法体系はどうあるべきか
—求められる骨太の大胆な構想—

谷口　信和

1．はじめに—日本農業年報と「農業の基本法」

「日本農業年報」は長い歴史の中で、1961年に制定された農業基本法（農基法と略記）はもちろんのこと、1999年に制定された食料・農業・農村基本法（現行基本法と略記）についても基本計画とともに繰り返し分析・検討のメスを入れ、あるべき農政の方向についての積極的な討論の場を提供してきた。たとえば、この21年間だけを取り上げても、46号（2000年）「新基本法—その方向と課題」、47号（2001年）「「食料・農業・農村基本計画」の点検と展望—食料の生産と消費の在り方を探る」、51号（2004年）「食料・農業・基本計画—変更の論点と方向—」、52号（2005年）「新基本計画の総点検—食料・農業・農村政策の行方—」、55号（2009）「食料自給率向上へ！ —食料安全保障への道筋—」、57号（2011年）「民主党農政１年の総合的検証—新基本計画から戸別所得補償本対策へ—」、62号（2016年）「基本計画は農政改革とTPPにどう立ち向かうのか—日本農業・農政の大転換—」、65号（2019年）「食と農の羅針盤のあり方を問う—食料・農業・農村基本計画に寄せて—」、66号（2021年）「新基本計画はコロナの時代を見据えているか」の合計９号に及んでいる。とりわけ、基本計画が５年に一度決定されるのに対応して、しばしば決定直前に問題提起を行い、決定後に内容の点検を行ったことがほぼ二年半に一度以上の頻度で取り上げてきた背景にあるといってよい。

しかし、今回の年報の対応はそれらの単なる延長というわけではない。2020年３月に５度目の基本計画が決定されてから２年も経たない2022年２月に設置された自民党「食料安全保障に関する検討委員会」は５月19日に「食料安全保障の強化に向けた提言【中間取りまとめ】（案）」を自民党の農林水産関係合同会議の決定として公表した。その後はほぼ食料安保検討委員会委員長の森山裕氏（元農水相）の「シナリオ」に沿う形で検討が進んでいる。

すなわち、①「農林水産業・地域の活力創造本部」の６月21日の「活力創造プラン改訂」では「食料安全保障の確立」が筆頭の章に位置づけられ、その末尾に「令和４年秋から食料・農業・農村基本法の検証作業を本格化」することが盛り込まれるとともに、同本部は「食料安定供給・農林水産業基盤強化本部」に改組された（第１回会合は９月９日）。そして、農水省は食料・農業・農村政策審議会に「基本法検証部会」を設置して、10月から月２回のペースで概ね１年をめどに検討を開始している。次に、②2022年度第２次補正予算に1642億円が措置された「食料安全保障の強化に向けた構造転換対策」が盛り込まれて12月２日に成立した。そして、③11月30日に公表された「「食料安全保障強化政策大綱」の策定と食料・農業・農村基本法の見直しに向けた提言（案）」において自民党の農林水産関係合同会議の決定として、a. 政府に対して年内に「食料安全保障強化政策大綱」（仮称）の策定を求めるとともに、食料安全保障予算の継続確保を既存の農林水産予算に支障を来さないように毎年の予算編成過程で確保することを要求している。b. 食料・農業・農村基本法の見直しに向けた論点を提示するだけでなく、「来年の骨太方針等の策定前に具体的な施策の方向性を含む中間取りまとめを行い、令和５年度中の「基本法の改正案」と「関連法案」の国会提出も視野に、検証・検討の加速化を求め」ている。

③の提言に示された「近年の急激な食料安定供給リスクの高まりに鑑みれば、我々に残された時間は限られており」という切迫感は政党の政治感覚として高く評価されるべきものであり、現在の情勢認識としては多くの関係者が共有すべき内容となっている。とはいえ、すでに農水省の「基本法検証部会」で本格的な検討が始まっている中で、余りに拙速に結論を急ぐことを求め議論にタガをはめるようなことは必ずしも好ましいとはいえない。

ところで、この提言では新たな基本法の骨格ともいうべきものが、1．食料安全保障の在り方、2．食料の安定供給の確保、3．農業の持続的な発展、4．農村の振興（農村の活性化）、5．みどりの食料システム戦略による環境負荷低減に向けた取組強化、6．多面的機能の発揮、7．関係団体の役割、として示されている。このうちの2、3、4、7は現行基本法とほぼ同様の表現となっていることから、新たな基本法の策定が念頭におかれているのではなく、あくまで現行基本法の見直し（改正）が目指されているとみてよいだろう。その上で注目されるのは以下の諸点である。

第1は、食料安全保障を筆頭に掲げる形で、以下に食料・農業・農村を配置していることからみて、食料安保が改正基本法における主軸の位置を占めることを目指している点である。

第2に、みどり戦略に関わる取組がこれらの次に位置づけられ、現行基本法とみどり新法とのドッキングが図られているが、その関係は必ずしも明瞭ではない点である。

第3に、多面的機能の発揮は中山間地域等直接支払いに加え、多面的機能支払い・環境保全型農業直接支払いを含む日本型直接支払い政策として一括され、充実の方向が示されている点である。これは現行基本法の弱点として指摘されてきた多面的機能の位置づけの低さ[1)]を、現実に実施されている政策[2)]に合わせて修正するものであると思われるが、一方では食料安保が基本的理念に追加されて、5つの理念に拡充されるのか（多面的機能は従来通り含まれる）、他方ではみどり戦略の後の位置づけになっていることから、1～6がまとめて基本理念に整理されるのかなど、現段階では予測できないといわざるをえない。

また、提言では次のような重要な論点が提示されていることも興味深い。第1は、食料安保について、これまでの不測時の対応だけでなく、「平時」からの安全保障の確立に向けた対応を提案していることである。筆者はこの点の重要性を繰り返し指摘してきたので、総合的食料安全保障がやっと検討の俎上にのぼるのではないかと期待している[3)]。

第2は、すでに野村哲郎農水大臣の発言でも知られているようにフランスのエガリム2法のような「再生産に配慮された適正な価格形成・転嫁が必要であり、その実現に向け、海外の事例も踏まえた仕組みづくり」が提起されたことである。

その他、吟味を始めればきりがないほどの論点があるが、そうした論点については本年報のⅠとⅡの各論において詳細に検討されることになっている。

このように基本法の見直しには大きな期待が寄せられるのではあるが、他方ではどこかしっくりこないもどかしさが筆者の胸をよぎるのが率直な感覚である。なぜか、それは二つの要因によっている。

第1の要因は、従来の基本法、すなわち農基法と現行基本法がなぜ成果を収められなかったのかについての吟味がほとんど提示されないまま、情勢が大きく変わったということで再び見直しが提起されていることである。

第2の要因は、あれこれ法律をいじくりまわしてもどうせまた壮大な作文（絵に描いた餅）に終わり、現状変革的な効果を発揮しないのではないかという諦念と、この機会を逃すと日本農業は本当に絶望の坂を転げ落ちるのではないか、これが再生の最後のチャンスかもしれないという二つの魂のはざまで筆者の心情が揺れ動いていることである。後者に賭けるとすれば、改革案（筆者は部分的な修正ではなく、新たな基本法を提起すべきだと考えている）は、①長期的な展望に立脚し、抜本的で現状変革的な農政哲学に裏づけられた基本法を出発点とし、②その下に実践的であって、実現可能な政策体系（法律）が位置づけられるとともに、③短期的な与件変動にも機敏に対応できる柔軟な対策（予算）によって補完されねばならないと考えている。すなわち、現時点でいえば、①現行基本法とみどりの食料システム法（戦略）の同時的な見直しを図り、一本化を図った上で（新たな基本法制定）、②多数の関連基本計画・構想の統合と一本化＝政策体系化を実現し（長期的な予算計画を展望した法律）、③その下での個々の政策の具体化（年度別の予算）という三本立ての方向が求められるのではないか。

本稿では第1の要因に関して、2において、元農水官僚のトップの述懐を手掛かりにして、二つの基本法（農基法と現行基本法）の歴史的位置を世界食料危機の視点から検討する。そして、第2の要因に関しては、3において新たな基本法の不可欠の課題のアウトラインを簡潔に提示することを通じて、新たな基本法をめぐる論議に最初の一石を投じることにしたい。

2.二つの基本法の再評価から基本的な構想を考える

（1）農水官僚のトップの述懐

「農業基本法が10年くらい経って空洞化し、政策誘導の機能を早々と失ってしまった」「農林省の役人も制定後10年ぐらい経ってからはほとんど農業基本法の存在を意識しなくなったし、国会でも違法だ、おかしいじゃないか、ということを追及されることもなかった」と述べて、農業基本法の「法律的に特異な性格……法律的な力の限界」を強調したのは『日本農業年報44　新農基法への視座』の座談会（筆者も参加した）における元農林水産事務次官の澤辺守の発言である。2ページにもわたる熱弁を通して述べたことのポイントは以下のように整理できる[4)]。

第1に、農基法は宣言法、恒久法として作られたため、抽象的で具体性のない目標や方向性を示すに止まり、その時々の具体的な農業政策をリードするような規定がなかった。

第2に、農基法を農政の憲法だというのは誤りである。なぜなら、政策における政府や国民の権利と義務を明文で決めていないからである。この意味では農基法は法律ではないともいえる。

第3に、農業政策は情勢変化に柔軟に適応して内容・重点を変化させねばならないが、恒久法たる農基法は現実の情勢変化に適応できず、形骸化していたにも関わらず、内容のある改正を全くしなかったから具体的な農業政策を方向づけることができなかった。

第4に、したがって経済法である農業政策に関する法律は、理念だけの法律であってはならず、5年くらいの期間にやるべき重点施策に絞って根幹的なことを規定して、アメリカのように時限的な農業法にするか、フランスの「農業の方向づけに関する法律」のように状況変化に応じて弾力的に改正することを義務づけることが必要である、というのがそれである。

そこで、この視点に沿って、二つの基本法が掲げた目標と現実に直面した課題との緊張関係から問題点を析出し、新たな基本法の課題を浮き彫りにすることにしたい。

（2）二つの基本法―進化と停滞

1）農基法

まず、農基法からみていこう[5)]。**表総-1**に示したように、農基法は1961年に制定されたが、先の澤辺の指摘よりも早く、実態的には1967～70年にはレームダック（死に体）化していた。1967年の「農業構造政策の基本方針」は「農業基本法の定める方向に従い」と書いてはいるものの、農基法が目標とする農業者の地位の向上＝自立経営の形成を農地の所有権移動による規模拡大を通じて行うという基本方針を転換して、賃貸借流動化に舵を切った起点とされており、1970年の農地法改正に連なるものであった。こうして農基法の土台をなす構造政策の転換が図られたが、農基法自体の改正といった議論は起きなかった。また、1970年の「総合農政の推進について」は1968年の「総合農政の展開について」から始まった政策転換の一つの到達点であり、「構造政策の推進のみでなく農政全般について新たな展開を図るべき時期にきている」という問題意識から農基法の再検討を抜きにして農政全般を方向転換しようというものであった。もはや、この時点で農基法は神棚の上に祀り上げられ、一顧だにされなくなっていたといわざるをえない[6)]。

ではなぜそうなってしまったのだろうか。恒久法・理念法といった法律上の問題は先に澤辺が指摘した通りである。その上での問題は、現実の推移が農基法の想定していたものとは大きく異なってしまったからである。第１のずれは食生活の欧米化が見通しを大きく超えて進展し、小麦消費が増加する中で米消費が激減して、尋常ならざる米過剰が発生する一方、中小家畜を軸

表総 -1　三つの基本法と食料危機の関連をめぐる歴史的事象

制定年	1961	1999	2024?
目標	①生産性の向上＝農業の発展、②生活水準の均衡＝農業従事者の地位の向上	①食料自給率向上、②4 つの基本理念（食料の安定供給の確保、多面的機能の発揮、農業の持続的な発展、農村の振興）の実現	食料安全保障確保をみどりの食料システム戦略の土台の上で実現する→食料と農業生産資材の自給率向上+多様な担い手確保
チェックシステム	年次報告の国会提出（農業の生産性・農業従事者の生活水準）	年次報告（国会提出義務なし）基本計画の策定と見直し	基本法（理念法）・基本計画（実施法）・年度当初予算の三本立て
国際貿易環境	1963　GATT11 条国 1964　IMF8 条国移行 1964〜2010 の間は貿易黒字	WTO 食料危機に対応できず 2011　貿易赤字に転落	FTA/EPA 地球温暖化・生物多様性 食料主権・農業主権
世界食料危機	1972〜73（ソ連・東欧の肉食化進展と穀物不作） 世界穀物在庫率 15.4% 第三の武器＝食糧（飼料としての穀物）	2008　（人口大国中国の在庫確保による穀物危機） 穀物在庫率 2006（16.9%） 価格騰貴と在庫率の非連動 穀物のバイオエタノール化	2022 ウクライナ戦争を契機とする供給困難（コロナパンデミックなどグローバリゼーションの結末）→中東・アフリカへ 化学肥料原料の輸入危機発生
世界石油危機	1973：第二の武器（先進国 VS 産油国）＝低価格時代の終焉→レンジ相場（一定の変動幅）へ移行	2003〜08：レンジ相場終焉→コモディティーのスーパーサイクルへ移行（穀物・原油価格乱高下）	地球温暖化問題→グローバルサプライチェーンの制約→地域循環型経済へ
基本法のレームダック化開始指標	①1967　構造政策の基本方針 ②1970　総合農政の推進について	①2001　（BSE→安全な食料） ②2009　（戸別所得補償導入）	
実績	①自給率 1960（79%）→1970（60%）→1989（49%） 1970 政府米在庫 720 万トン ②1972 家計費　農家>勤労者世帯（兼業化による農家所得確保）	①自給率 2000（40%）→2021（38%） 米過剰と低自給率 ②基幹的従事者 67.9 歳	
残された課題	米以外の食料自給率向上（畜産物+飼料穀物） 専業農家の勤労者並み所得	畜産物と飼料穀物自給率向上 担い手確保と地域農業の維持・発展	

注：単位のない数字は年。
出所：世界石油危機について、石油経済研究会『コロナ後を襲う世界 7 大危機　石油・メタル・食糧・気候』Next Publishing Authors Press、2021 年を参考にした。その他は筆者の整理による。

とした肉類（畜産物）消費の拡大により飼料穀物（とうもろこし）と小麦の輸入が激増したことから生じた（選択的拡大政策の蹉跌）。第2のずれは予想を超えた地価上昇のために所有権移転を通じた農地流動化＝規模拡大による自立経営育成が困難となり、流動化の重点を賃貸借にシフトせざるをえなくなったことに基づいていた。そして、第3のずれは農業所得による都市勤労者世帯との所得均衡ではなく、兼業所得を中心とした農家所得による所得均衡が急速に進み、1972年には達成されてしまったことによる。農業・農村の実態が農基法を追い越してしまったというべきであろう。もはや、農基法の歴史的使命が終わったかのように認識されてもおかしくなかったのである。

しかもこうした農政転換の渦中で二つの激震が走った。1972～73年に発生した世界食料危機と石油危機である。この二つの危機は絡み合いながら展開する多数の複合的な危機の起点となった。柴田明夫氏によると食料危機についてみれば7)、①欧米先進国に次ぐ経済発展水準にあったソ連・東欧の社会主義国が肉類消費の拡大局面に差し掛かる中で異常気象による穀物不作に見舞われ、盟主国のソ連が大量の穀物買い付けを秘密裏に行ったことを契機としていただけでなく、②エルニーニョ発生によるペルー沖アンチョビ（カタクチイワシ）不漁が肥料・飼料原料としての魚粉生産を低下させ、アメリカで大豆への代替需要が急増して、大豆の２か月間にわたる輸出禁止を招いた上に、③石油価格高騰により、家畜飼料とされてきた肉骨粉（MBM）のレンダリングにあたっての煮沸温度低下・時間短縮が普及し、1980年代にイギリスでBSE発生を招くとともに、畜産向けタンパク源としての大豆の需要が急拡大することへと連鎖していたことが重要である。つまり、異常気象・食料危機・石油危機の連動である。

だが、こうした与件の激変にも関わらず、日本では農基法の見直しの方向には進まず、またもや1975年の農政審議会建議「食糧問題の展望と食糧政策の方向」を踏まえた農水省省議「総合食糧政策の展開」といった個別の政策対応ですませることに落ち着いてしまったのである。たしかに、供給熱量ベースでの食料自給率は1960年度の79％から1970年度には60％まで低下してはいたものの（最新の『食料需給表』による）、現在の水準からみれば結構高いものであった。注意を要するのは供給熱量ベースでの自給率が採用されたのは1989年に公表された『食料需給表』（1987年度の自給率掲載）以降であって8)、それまでは数量ベースの品目別自給率と生産額ベースの総合自給率でしかなかったから、総合自給率は1960年度の93％が1970年度には85％に低下しただけであって（1975年度83％）、食料自給率問題が重要だという認識が希薄だった感は否めない。1964～2010年までの47年間貿易黒字が続く中で、貿易で稼いだ豊富な外貨で低廉な農産物を外国（とくにアメリカ）から買えばよいという主張が声高に叫ばれる時代的な背景があったというべきであろう。こうして次の現行基本法に至るまで、米以外の農産物（畜産物と飼料穀物）の自給率向上と専業農家（高齢専業を除く）の農業所得による勤労者並み所得（家計費）確保という課題は達成されることなく、積み残しの状態が続いたのである。

2）現行基本法

現行基本法は農基法の改正としてではなく、新法として制定された。したがって、事実上30年間にわたって農業の基本法がない状態で日本農政は展開してきたのである。現行基本法は1993年のガットウルグアイラウンド合意・1995年WTO発足・2000年WTOドーハラウンドの開始という農産物貿易をめぐる外的環境の変化に対応して、国際交渉で日本の立場を理解してもらうことを眼目にして「多様な農業の共存」を有力な哲学として1999年に公布・施行された。その特徴は３つに整理できる。第１に、食料自給率の向上を具体的な政策目標として掲げた。第２に、これを実現する上での４つの基本理念を提示し、これに沿って政策展開を図ることとされたが、政策方向は３つのみ（食料・農業・農村）が特記され、多面的機能の発揮は明示されていない。第３に、基本理念の具体化のために、10年先を目標年とする基本計画を概ね５年ごとに策定し、政策のチェック機能をもたせることにした。

しかしながら、**表総-1**で指摘したように、現行基本法も施行後いち早くレームダック化が進行したのではないかと思われる。

第１に、2001年の国内BSE発生は現行基本法が前提とした「食料は安全である」という神話を覆し、「食料の安定供給」という基本理念は「安全な食料の安定供給」のように修正されるべき事態を惹起した。実際、現行基本法では食料の安定供給の確保に関する施策の冒頭の第16条では食料の安全性の確保を謳ってはいる。しかし、基本理念を提示した第２条においては安全という言葉が存在していない。「食料・農業・農村白書」では2001年度の動向で、冒頭の項目に「食」の安全性及び品質の確保を掲げ、安全性を重視する姿勢を示し、2002年度版では「食」の安全と安心の確保は第１節のタイトルに昇格した。さらに2004年度には食の安全・安心と安定供給システムの確立となって第Ⅰ章のタイトルにまでなった。ところが、2005年版では第１節への格下げ、2006年版では第２節への格下げ、2007年版では第１節の第２項に格下げとなっている。

BSE問題は食品安全からトレーサビリティにまで影響を及ぼし、安全な食料の安定供給という今日的な課題を現行基本法に投げかけたはずだが、法律の修正・改正という話はついぞ出ないまま今日に至っている。

第２に、2009年の民主党政権の誕生に伴って導入された農業者戸別所得補償制度は、「効率的かつ安定的な農業経営」を望ましい農業構造の確立に向けて育成すべきとした現行基本法の農業構造政策に明らかに異を唱えるものであった。筆者は戸別所得補償制度の意義を認めるものであるが、この制度の導入・拡充・発展を目指すのであれば、これもまた現行基本法の修正・改正が必要であった。しかし、この場合にもまたそうした声はどこからも出ないままに、重要施策の変更が行われている。無意識のうちに現行基本法は農基法と同様に神棚の上に祀り上げられているのではないか。

ところでこうしたレームダック化を防ぐために導入されたはずの基本計画は今日に至るまで外的環境の変化にはお構いなしに判で押したように５年ごとに４回策定されている。農基法の時と同様に現行基本法制定後の2003～08年にかけて石油危機と食料危機が複雑に絡み合いながら展開したのだが、こうした事態に基本計画は機敏に対応したのだろうか。基本計画とは独立した毎年度の予算の対応だけで済むようなものだとは思われないのだが、基本計画の修正も、現行基本法の修正といったことも提案されたことはなかった。

このような状況下で食料自給率は2000年度40％が2021年度の38％へと停滞的に推移するとともに、他方では依然として食用米過剰が継続しており、畜産物消費が増大する下で飼料穀物の自給率向上が実現されていないといえよう。

3）新たな基本法

こうした二つの基本法における問題点の指摘から、来るべき新たな基本法制定にあたってのポイントを再度**表総-1**から整理してみよう。第１に、目標は食料安全保障確保をみどりの食料システム戦略の土台の上で実現することにおかれるべきであり[9)]、食料と農業生産資材の自給率向上と多様な担い手の確保とされるべきである。

第２に、体系としては、①2050年あたりを展望した長期の理念法としての基本法の下で、②５～７年程度の期間[10)]を目安とし、概算的な予算を措置された基本計画を法律として作成し（実施法)、③年度当初予算を重視した予算編成（実施計画）の３本立てとする。これは概ね、EUの「農場から食卓へ戦略」→「共通農業政策CAP」→各国の農業政策の体系と類似したものである。重要な点は、①と②は情勢変化に対応して国会での審議を経て機敏に修正するものとし、国会のチェックが入ることで国民的な議論を喚起することである。また、現在のように補正予算が当初予算と区別のつかないような項目と予算額で計上され、とくに補正予算が十分な国会審議時間が保証されないような事態は望ましいものではなく、改正が必要である。

第３に、食料安全保障に関しては1972～73年から2003～08年が30年強の間隔だったが、2003～08年から現在の2020～22年の複合的な危機（異常気象・コロナパンデミック・石油危機・食料危機・ウクライナ戦争・レアメタル危機・グローバルサプライチェーンの危機）までがわずか15年程度にまで短縮化していることに注意を払わねばならない。

ところで、現行基本法は第２条第２項において、食料の安定供給の確保は、①国内農業生産の増大を図ることを基本とし、これと②輸入、③備蓄を適切に組み合わせて行うことを規定している。これは常識的に考えれば「平時」の方針であるが、このどれかが阻害されるのが「不測時」だと考えれば、①～③は総合的な食料安全保障を考える上での基本だということができる。このうち、①の「増大を図る」という箇所は政府原案に追加され、現行基本法の強い意思＝自給率向上に向けた姿勢を示すものとされている。

しかし、この３点セットの案は別に現行基本法が新たに考え出したものではなく、先の1975年の農政審議会建議「食糧問題の展望と食糧政策の方向」で示されていた国内生産体制の整備、輸入の安定的確保と備蓄の継承である。ただし、当時は備蓄が輸入農産物から構築されることを前提にしていたのに対して、今日では政府備蓄米が国産米から構築されている点が発展したところであろう。いずれにしてもこうした体制が構築されているにも関わらず、昨今の輸入飼料価格高騰をみれば、備蓄が需給変動の緩衝機能を十分に発揮しているとはいえない。やはり、抜本的な食料安全保障の理念の再構築と現実的な施策化と検証が不可欠だといえよう。

３．新たな基本法における不可欠の課題

（1）新たな基本法の最重要目標＝食料自給率向上

現行基本法の下で、食料自給率に関する指標が基本計画策定の度に追加され複雑を極めている。カロリーベースでみると、食料自給率と食料国産率（2020年基本計画で導入）があるが、後者は単純に言えば飼料自給率が100％だと仮定した場合の食料自給率に過ぎないから、理論的にも実態的にも指標としての食料自給率に対する優位性がなく、新たな基本法における自給率指標としては重要ではないと判断される。自給率問題は広く国民的な合意を図る中での解決が求められるという性格を配慮すれば、指標は単純で数が少なく、理解しやすいほどよいといえる。

ところで、問題は農地と労働力と技術（単収と農産物１単位当たり労働時間）によって算出される食料自給力指標（食料の潜在的生産能力を評価する指標。2015年基本計画で導入）の位置づけである。これにより、農地・農業労働力・農業技術の確保レベルが示されるから食料安全保障の議論の深化に貢献するというのが当局の見解だと思われる。しかし、膨大なデータと人員を投入して算出している割には食料安保を考える上での前提となる食料自給率をめぐる危機的状況を指し示すマーカーとしての機能が低いことを直視す

べきではないか。

図総-1は通常のカロリーベースの食料総合自給率と二つの自給力指標から筆者が算出した自給率指標を示したものである。自給力指標は例えば、2021年度についてみると、国内生産のみによるいも類中心の作付で供給可能な熱量2,374kcal（農地面積は現在の数値）を１人１日あたり推定エネルギー必要量（2,169kcal）で除して自給率指標109％に転換するものである。国内生産による米・小麦中心の作付は供給可能熱量が1,717kcalとなるので自給率指標は79％となる。

図総-1　三つの自給率指標の推移

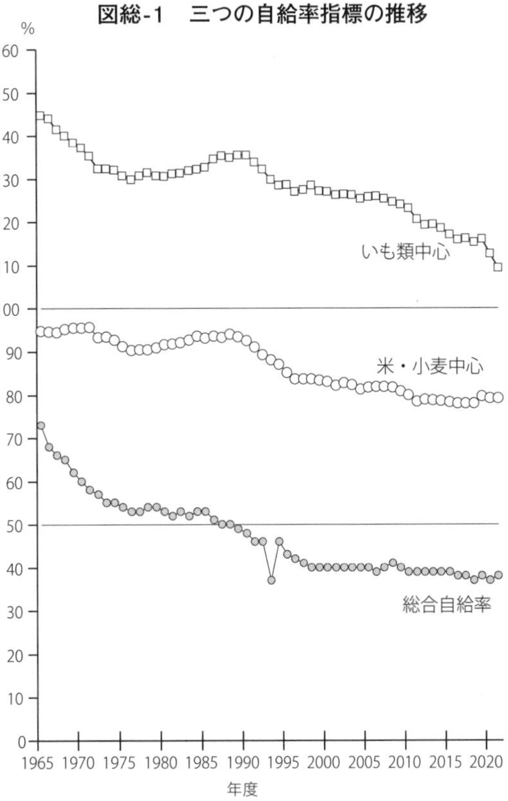

%
160
150
140
130
120
110
100
90
80
70
60
50
40
30
20
10
0
いも類中心
米・小麦中心
総合自給率
1965 1970 1975 1980 1985 1990 1995 2000 2005 2010 2015 2020
年度

注：1）総合自給率は供給熱量ベース。
2）いも類中心は2021年度の推定エネルギー必要量2,169kcalを国内生産のみによるいも類中心の作付による供給可能熱量の各年度の数値で除したもの。米・麦中心も同様の方式で筆者が算出して図示した。
3）推定エネルギー必要量は年度により異なるが、2013年度でも2,147kcalと余り大きくは異ならないため、最新の2021年度の数値を各年度に適用した。
出所：農林水産省「令和3年度　食料自給率・食料自給力指標について」2022年8月により筆者作成。

この図から明らかなように、いも類中心の自給率指標は近年急速に低下しており、近い将来に100％を割るかもしれないということから、危機意識を高める効果があることは疑いない。とはいえ、依然として100％を超えているのだから余り問題ないという感覚を与えてしまうことが避けられないだろう。また、米と小麦中心の自給率指標は1990年代半ばから80％レベルで停滞的に推移しており、100%を割っている点で一旦緩急あれば厳しい食生活が控えているというメッセージを送る意義はあるものの、何とかなりそうだという受け止め方に落ち着く危惧が存在している。しかし、この二つの自給率指標では本来の食料自給率が1990年前後に50%を割り込み、食料自給問題が重要な段階に突入したことを指し示したようなマーカーとしての機能は期待しえないのではないか。

このように考えれば、食料自給率の危険な兆候を指し示す機能として、カロリーベースの食料総合自給率のマーカーとしての意義は決定的に大きいというべきであろう。ちなみにほとんど忘れ去られてはいるが1993年の平成の米騒動における混乱は食料自給力指標に基づく自給率指標ではほとんど表示されることがないが、食料総合自給率は鋭角的な落ち込みとしてこれを表示していることがその証左といってよい。

新たな基本法における食料安全保障はこの総合食料自給率指標を正面に据え、それをまずは50%に、次いで60%超に引き上げていくことをこそ主たる目標に据えるべきであろう。その際、日本の食料消費が新たな局面に入っていることを前提に議論を組み立てることが必要である。

この間の新自由主義的な農政の前提となっているのが、①少子化・高齢化の進行で国内農産物市場は縮小の一途をたどる、②国内農業の発展のためには国際農産物市場の拡大に対応した外需主導型農業発展を志向すべきだという論理である。ここでは①に示された国内農産物市場の縮小という「抗えない現実」の実態を吟味することで、食料自給率向上の可能性に接近することにしたい。そのために2000年度の農産物の国内消費仕向量を100とした指数によって国内農産物市場の推移を示した**図総-2**を用意した。これから以下の諸点が指摘できる。

第1に、野菜で代表させた耕種農産物と畜産物・魚介類の動向は総人口の推移よりもはるかに大きな振幅を示している。つまり、多くの農産物市場は依然として総人口の動態によってではなく、1人あたりの消費量の動向によって規定される局面にある。2060年に総人口が9000万人を割りこみ、高齢化率が40%に達するという人口推計の呪縛に囚われ、すでに農産物国内市場が縮小の一途をたどっているかのような前提で議論をすることは妥当ではない。

第2に、耕種農産物と魚介類の顕著な減少傾向とは対照的に、畜産物は2008～10年頃を転換点として、明らかに消費仕向量の増加局面に入っている。こうした動向は昭和戦前世代と戦後世代の食料消費構造の差違（前者は魚介類の、後者は畜産物の消費性向が強い）を基礎とし、2010年頃の人口構成のシフト（2010年に戦後世代割合は77%に達した）を反映したものである。

図総-2　畜産物等の国内消費仕向量の推移（2000年度＝100）

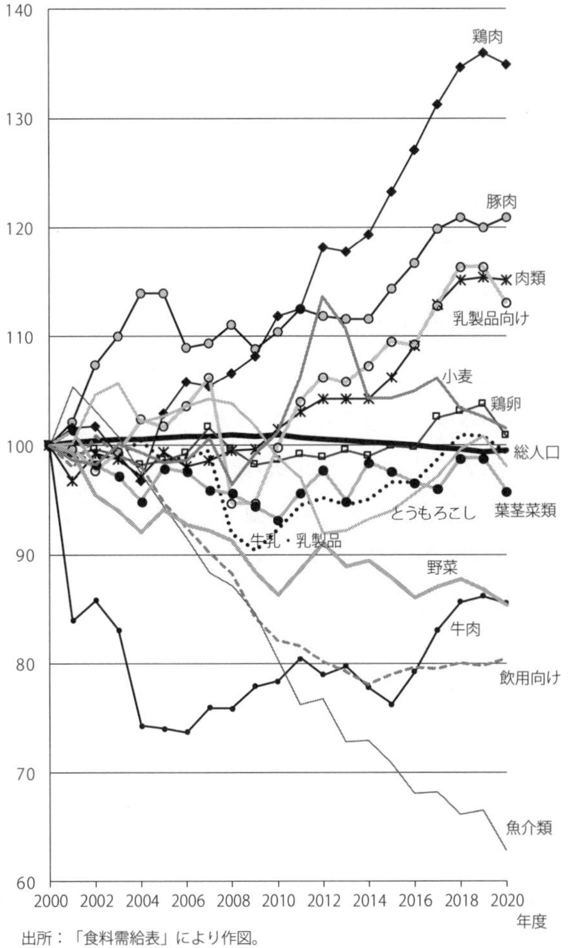

出所：「食料需給表」により作図。

第3に、耕種農産物でも葉茎菜類（レタス・たまねぎ・キャベツなど）のように、畜産物消費との関連性が高いものは畜産物消費の増加にほぼ連動する形で2010年頃を転換点として増加局面に入った。

第4に、小麦はとうもろこし国際価格の高騰にともなう代替飼料需要で輸入が増大した2012～13年度の突出した増加を除けば、顕著とはいえないまでも日本麺やラーメンなどの需要に対応した微増傾向がやはり2008～10年前後からみられる。これは先の人口構成のシフトと関連したものと判断される。

第5に、2012年以降のとうもろこしの顕著な増加傾向は、肉類消費仕向量の増加が肉類輸入量の増加によってもたらされ、品目別自給率が低下する中にあっても、国内畜産が増産傾向に転じ、とうもろこし輸入量が増加局面に入ったことに対応したものである。つまり、食肉等の国内需要が増加する中で国内畜産（肉用牛・豚・ブロイラー）においては飼料穀物としての飼料用米や子実とうもろこしに対する需要が増大する条件が登場しているところに今日の重要な特徴をみることができる。これに輸入食肉を代替する国内畜産の発展が加われば、国産飼料穀物に対する需要は一層高まることが容易に理解できる。耕畜連携による国内農業発展の芽がそこにあるというべきである。

以上に指摘した事実は、人口構成における戦後世代の優越という2010年以降の新たな事態に対応する形で日本人の食生活の転換が起きつつあり、国内農産物市場が拡大する中で、その芽をくまなく探し出して国内生産につなげるとともに、少なからぬ輸入農産物の代替を通じて国内農業が発展する可能性が開けていることを裏づけるものである。したがって、食料安全保障の確保を前面に立てた新たな基本法においては総合食料自給率のはっきりとした向上を目標に据えるべきである。

（2）みどり戦略を土台とした新たな基本法における三つの重要課題

以下では新たな基本法において避けることのできない三つの主要課題について簡潔に述べることにしたい。

1）耕作放棄地対応をどうするのか

自給率向上を実現する上で避けられないのが耕作放棄地の復旧を軸とした農地の拡大である。毎年の耕地減少のうちの耕作放棄（フロー）の動向を示

図総-3　耕地減少のうちの耕作放棄面積の推移

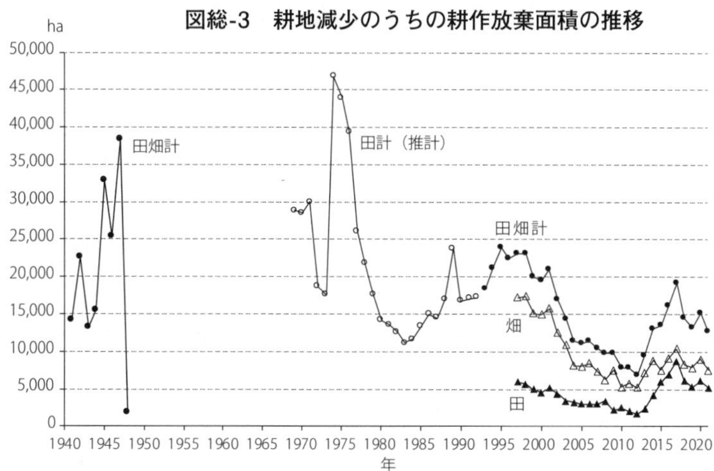

注：1）耕地面積統計の耕地減少要因のうちの耕作放棄の部分を採った。ただし、1969～96年の田畑計は「その他」に0.92を乗じた数字で耕作放棄面積を推計した。これは1997～2012年の「その他」のうちの耕作放棄面積割合が平均で0.92であったことを根拠としている。
2）耕作放棄の田畑別の数字は1997年から公表されている。

出所：1）1941～48年の田畑計は『改訂　日本農業基礎統計』農政調査委員会、1977年による。
2）その他は「耕地及び作付面積統計」により、一部筆者が推計した。

した**図総-3**によると、第２次大戦中の1941年の1.4万haから戦後の1947年の3.8万haに耕作放棄地が急増している。本格的な農地における耕作放棄地の増加は、第１に、基幹的な男子労働力の徴集による労働力不足、第２に、鉄製農具などの供出による農耕手段の劣弱化、第３に、火薬の優先による化学肥料の供給激減など、農業生産条件の悪化によるものであるが、最大の要因は労働力不足であった。食料不足から飢餓状態への坂道を転げ落ちている最中に農地の耕作放棄化が進展する現実が存在していたのである。

戦後では最大の４万5,000ha超を記録したのは1974年であり、「減反」と呼ばれた水田転作対応であった。しかし、1979年からの転作の長期化と面積拡大の中で縮小し、1983～2000年にかけて再び増加するが、ここにはオレンジの輸入自由化にともなうみかん園廃園化の影響が示されている。逆に、2000～2010年にかけての放棄面積の縮小は中山間地域直接支払制度の成果によるところが大きいが、2010年以降は昭和一桁世代のリタイアが再び放棄面積拡大に作用するなど、農業政策と農業構造の影響を鋭く受けている。ここにメスを入れずして食料自給率向上＝食料安全保障は実現できない。したがって、耕作放棄地42万haの全面的復旧の国民運動を起こすくらいの覚悟が必要であろう。耕地を減少させながら穀物自給率・食料自給率向上を実現することは絶望的に困難だとすれば、大区画・高規格農地への復旧・改良だけでなく、あらゆる種類の耕作放棄地の活用の方途（放牧から市民農園的利用まで）を探求することが必要である。その際、土木事業を通じた本格的な復旧だけなく、ボランティアの活躍に依拠するような復旧も重要だろう。

2）多様な担い手に依拠する意味

都市部から中山間地域まで地域の農業構造は一律ではなく、そこに賦存する大小さまざまな優良農地の活用と耕作放棄地の復旧・利用を図るためには様々な規模の、様々な関心を有した住民の農業への参加が不可欠であろう。それには一方で農業の担い手をどのように位置づけるかという農業構造論的な接近が有意義であり、第Ⅰ部での論稿が期待される。他方で、ここで強調したいのは食料自給率向上にとっての国民参加の意義である。筆者はすでにこの点について詳細に論じている[11)]。新たな基本法がどこまで本気で国民参加を構想し、具体的な実践に持続的に踏み込むか、そこに新たな基本法の成否のカギが存在しているといえる。

3）耕畜連携を軸とした循環型の地域農業の構築

地域の農業とは「地域に存在する多様な農業生産の総体や個別の農業生産」のことだが、地域農業とは「地域における統一的な土地利用方式を基礎とした耕畜連携の農業生産方式」と定義したい。こうした地域農業はみどり戦略による循環型農業の振興を通じて「地産地消・地域的資源循環・耕畜連携に基づく地域農業」という形で新たな基本法における有力な農業方式として位置づけられることが求められる。この点についてもすでに簡単に論じてあるので参照されたい[12)]。

以上、筆者からのやや一方的な問題提起に傾いたが、日本農業の危機突破の最後のチャンスかもしれないという思いを食料安全保障から新たな基本法に至る政策決定プロセスに賭けて執筆した次第である。

注

1）周知のように、現行基本法は第１章総則の第４条に多面的機能の発揮を４つの基本的理念の一つとして掲げたにも関わらず、第２章基本的施策のうちには特別の節を設けてこれを詳述することをせず、第４節農村の振興に関する施策の一部としての「中山間地域等の振興」に関わる第35条の第２項において、中山間地域の農業の生産条件の不利を補正することにより多面的機能の確保を特に図るとしているのみであり、地域的な条件のいかんにかかわらず、農業が有している多面的機能については触れていないという不徹底性が存在している。

2）多面的機能支払いと環境保全型農業支払いは「日本型直接支払制度」の名称で2014年度に創設され、2015年度からは法律に基づいて実施されているが、現行基本法制定から実に15年後のことである。

3）文言こそ明示的ではなかったが平時と不測時を貫通する概念として「総合的な食料安全保障」を提起したのは2010年の基本計画であった。筆者はその時点では「総合的な食料安全保障」提起の意義を十分には理解していなかった。しかし、2015年基本計画を論ずる中でその意義に気づいてかなり詳しく検討するとともに、それ以後は折に触れて、総合的な食料安全保障＝平時の食料安全保障（指標は食料自給率）+不測時の食料安全保障（指標は食料自給力指標）という観点からの位置づけを強調してきた。谷口信和「総論　アベノミクス農政とTPP交渉に翻弄された基本計画の悲劇」『日本農業年報62』2016年、pp.1-25；同「日米FTAによる自由化ドミノに抗して日本の食料安全保障確立を」農文協ブックレット『TAGの正体』2018年、pp.46-52；同「総論　食料・農業・農村基本法における食料自給率と基本計画の意義」『日本農業年報65』2019年、pp.1-22。

4）同書、pp.172-208。とくに、pp.176-177。

5）農基法についての詳細な分析は、谷口信和「総説　高度経済成長と農業基本法の政策体系」『戦後日本の食料・農業・農村　高度経済成長期Ⅰ―高度経済成長期と農業基本法』農林統計協会、2019年、pp.1-64で行っている。

6）各種の政策文書は大臣官房政策室「農業基本政策関係資料」（第１巻）1995年10月による。

7）柴田明夫「世界的な食料危機の長期化に備えよ」『學士會会報』No.957（2022-Ⅵ）pp.38-40。

8）食料自給率がどのようにして農政問題になったのかを食料自給率指標の採用の点から検討したのが、谷口信和「日本における食料自給率目標と食料・エネルギー問題の相克」『日本農業年報54　世界の穀物需給とバイオエネルギー』農林統計協会、2008年、pp.190-205。

9）みどりの食料システム戦略を食料自給率が低い日本農業において最も効果的に実現するポイントは自給率向上によるフードマイレージの削減にある点については、谷口信和「総論　2020年食料・農業・農村基本計画の歴史的な位置と課題」『日本農業年報66』2021年、pp.1-23で検討した。

10）固定資本投資の償却期間を念頭において中期的な計画を立案・実施していくことが想定されている。

11）谷口信和・李侖美「食料自給率向上を支える農業の多様な担い手像—現実と可能性—」『日本農業年報55』2009年、pp.89-112。

12）谷口信和「総論　みどりの食料システム戦略—農政の世界的潮流へのキャッチアップと課題—」『日本農業年報67』2022年、pp.1-17。

〔2022年12月10日　記〕

第Ⅰ部

基本法は本来の食料安全保障をどう位置づけるべきか

第1章

「食料の安定供給のリスクに関する検証（2022）」が投げ掛けるもの

武本　俊彦

本章では、農水省が公表した「食料の安定供給に関するリスク検証（2022）（以下「2022リスク検証」）」を読み解くことを通じて、食料・農業・農村基本法（以下「基本法」）に規定された食料の安定供給の確保と不測の事態への食料安全保障の考え方が変更されたのではないか、カロリーベースの食料生産を位置付けることは消費者の食生活の変化に対応できるのか、こうした問題を食料システム論の観点から指摘し、食料システムの強靭性（レジリエンス）を向上する観点から基本法等の見直し方向を示すものである。

1．2022リスク検証とは何か

（1）2022リスク検証の公表

2022リスク検証では、輸入減少や労働力不足といった国内外の25のリスクを選び、米をはじめとする主要な32品目について、各リスクの起こりやすさを５段階で、その影響度を３段階で評価した。全体的に見ると、肥料原料の輸入減少や価格高騰は、畜産を除くほとんどの品目で「重要なリスク」と評価し、生産への影響が大きいと分析している。また、野菜などは、使用量の多い燃油についてその輸入減少や価格高騰も「重要なリスク」と位置付けた。さらに、国内労働力・後継者不足について、果実や野菜、畜産物を中心に、起こりやすくなっているあるいは顕在化しているとして、「重要なリスク」と評価している。また、輸入では、小麦や大豆、飼料穀物において価格高騰の影響が大きいとして、「重要なリスク」と紹介している。日本の食料は、国産と米国、カナダ、豪州、ブラジルの輸入上位４カ国で供給カロリーの約９割を占め、輸入品目の国産への置き換えを進めながら、主要輸入先国との関係を維持していくことも必要不可欠だとしている（日本農業新聞2022/6/22）。

（２）食料の安定供給に関するリスク評価を行ってきたこれまでの理由・背景

基本法では、第２条第１項において「食料は、人間の生命の維持に欠くことができないものであり、かつ、健康で充実した生活の基礎として重要なものであることにかんがみ、将来にわたって、良質な食料が合理的な価格で安定的に供給されなければならない」とし、同条第２項において「国民に対する食料の安定的な供給については、世界の食料の需給及び貿易が不安定な要素を有していることにかんがみ、国内の農業生産の増大を図ることを基本とし、これと輸入及び備蓄とを適切に組み合わせて行わなければならない」とするとともに、第３項において「食料の供給は、……農業と食品産業の健全な発展を総合的に図ることを通じ、高度化し、かつ、多様化する国民の需要に即して行わなければならない」と規定している。その上で、不測時における食料安全保障を規定する第４項で「国民が最低限度必要とする食料は、凶作、輸入の途絶等の不測の要因により国内における需給が相当の期間著しくひっ迫し、又はひっ迫する恐れがある場合においても、国民生活の安定及び国民経済の円滑な運営に著しい支障が生じないよう、供給の確保が図られなければならない」と規定し、第19条で「国は、第２条第４項に規定する場合において、国民が最低限度必要とする食料の供給を確保するため必要があるときは、食料の増産、流通の制限その他必要な施策を講ずる」とその基本施策の方向を規定している。

こうした基本法の趣旨を踏まえて、農水省は、不測の事態に備えるため平素から食料供給に影響を与える可能性のある種々の要因（リスク）の洗い出しと影響等の分析・評価について、平成26（2014）年度以降実施してきた。平成26年度のリスク分析・評価の結果[1)]によれば、対象品目は、食料の安定供給に与える影響の大きい主要な農畜水産物から選定することとし、輸入依存度の高い品目（小麦、大豆、飼料用とうもろこし、畜産物）、食料供給に占める熱量の割合が高い品目（米、小麦、畜産物、水産物）、国内生産で完全な代替が困難な品目（飼料用とうもろこし）に該当する、米、小麦、大豆、飼料用とうもろこし、畜産物及び水産物の６品目であった。

（３）2022リスク検証の内容

１）食料安全保障の考え方を変えたのか？

今回の2022リスク検証においては、「現下の国内外の情勢等に鑑み、改めて“網羅的に”リスク分析・評価を行う観点から、基本計画において生産努力目標を設定している24の品目全てを対象とすることを基本とした上で、食料・農業・農村基本法第２条第２項に規定する食料の安定供給の３つの要素である『国内生産の増大』『輸入』『備蓄』の３つの視点で対象品目の整理を行った。また、食品産業（食品製造業、食品卸売業、食品小売業、外食産業）と林業（木材）については、食料の安定供給のための農林水産業の発展と農山漁村の振興において不可分な要素であることに鑑み、対象として追加した」（アンダーラインは筆者）とされている。

以上のような対象品目数の拡大については、食料安全保障に対する考え方の転換があるのではないか。すなわち、当初のリスク分析・評価の対象品目が基本法第２条第４項及び第19条に規定する不測の事態への対応を食料安全保障と位置付けていたことを反映していた。一方、2022リスク検証の対象品目数の拡大は、基本法第２条第２項を根拠としているが、同規定は食料の安定供給の確保を基本的な取り組み姿勢として示しているものであって、第４項の不測の事態への食料安全保障と同一視することは、解釈論として無理がある。いずれにしても、第２項も食料安全保障であるとの立場を取ったことを意味するのであろう。このような考え方は、食料の安定供給の確保が基本法の基本理念に位置付けられているものであり、平素から取り組むべき政策であって、食料安全保障という非常時の政策とは切り分けるべきとの考え方を否定したともいえる。

なぜ、考え方を変えたのであろうか。おそらく、我が国の食料・農業・農村を取り巻く状況がこうした考え方を取らざるを得なくしたということであろうか。その背景には、「地球温暖化の進行によって生産面で、農産物の生産可能地の変化や異常気象による大規模な不作の頻発など食料供給に影響を与える可能性のあるリスクの増大が懸念される」ことや、「新型コロナウイルスの感染拡大に伴うサプライチェーンの混乱に加え、ロシアによるウクライナ侵略等により、小麦やとうもろこしなどの穀物だけでなく、農業生産に必要な原油や肥料等の生産資材についても、価格高騰や輸出規制等の安定供給を脅かす事態が生じるなど、国内農林水産業や食品産業にとって近年に例を見ないほどの厳しい環境下にある」「我が国の農業・農村は、農業者や農村人口の高齢化・減少、農地面積の減少等が進行し、農業の生産基盤の維持・確保が課題となっている」「近年の大規模自然災害、家畜伝染病、植物病害虫等の被害が、我が国の食料や農業の現場に甚大な影響を及ぼすとともに、新型コロナウイルスの感染拡大による経済活動への影響といった新たなリスクも発生している」「我が国の食料をめぐる国内外の状況は刻々と変化しており、新たなリスクの発生を含めた食料安全保障上の懸念は高まりつつある。こうした状況に対応し、必要となる施策を検討・講じていくためには、改めて、食料の安定供給に影響を及ぼす可能性のある様々な要因（リスク）を隅々まで洗い出し、包括的な検証を徹底する必要がある」（アンダーラインは筆者）との認識[2)]に立っているのである。この認識に異を唱えるつもりはないが、そもそもこの認識は、第一義的には食料・農業・農村基本計画に書き込み、その認識に基づいた具体的な政策体系を示すべきものであろう。あるいは、食料安全保障の考え方を拡張するというのであれば、先行してその点の議論を行うべきであろう。

2）2022リスク検証の基本的な考え方

リスクについては、目的に対する不確かさの影響としている。リスク管理の手法は、ISO31000に準拠し、食料の安定供給に係るリスクの分析・評価にあたって、各リスクの発生の可能性や影響度を分析するとともに、食料供給に与える影響を評価し、取りまとめることとしている。具体的な手法としては、リスクの特定では、①リスクの洗い出し・分類、②対象品目の選定、③リスクと対象品目との組み合わせを明記し、リスク分析・評価では、①リスクシートの作成、②リスク分析、③リスク評価（リスクマップの作成）を明記している。両者については、詳細な説明を行っているが、従前のリスク分析・評価との比較で言えば、対象リスクについては、

――従前の場合には、対象品目（主要６品目）を基準として、生産段階や流通段階といったフードサプライチェーンを踏まえながら、「国民が最低限度必要とする食料の供給を確保することに支障を及ぼしかねない要因を対象とする」観点からリスクの洗い出しを行い、リスクの起因する場所（海外・国内）や「一時的・短期的に発生するもの」「すでに顕在化しつつあるもの」といった観点で整理し、最終的に海外19種、国内６種のリスクを選定している。その結果、「供給量の減少」に関係するリスクが中心となり、価格の高騰や品質の劣化といったリスクは主要な検討対象とはならなかったとしている。また、「安定的な輸入の確保」に重点を置いていたため、労働力不足や需要の変化といった、「国内生産の増大」に関係するリスクも主要な検討対象とならず、国内生産に重要な生産資材に関するリスクも、肥料の需給のひっ迫と燃油の供給不足の２つを対象としたのみであったとされ、リスク毎の取りまとめは行っていないとしている（アンダーラインは筆者)。

――一方、今回のリスク分析・評価においては、「食料の安定供給に影響を及ぼす可能性のある様々なリスクを洗い出し、包括的な検証を行う」という観点から、「リスクの洗い出し」を行うとともに、「安定的な輸入の確保」の観点として、輸入量の減少だけでなく、価格の高騰等のリスクを追加するとともに、労働力不足や生産資材といった、「国内生産の増大」に関係するリスクを拡充したとしている。その上で、各リスク間の

因果関係に着目した整理（原因事象・中間事象・結果事象）をし、対象とするリスク（国内：中間事象10種、海外：結果事象15種）を選定している。さらに、リスク毎に概況を整理し、リスクの視点で全体を俯瞰するためのリスクシートを作成している（アンダーラインは筆者）（2022リスク検証 pp.23-26）。

3）2022リスク検証の結果の概要

全体概要としては、輸入品目（飼料穀物等）では価格高騰リスクに加え、供給量の減少リスクも顕在化、野菜・果実・畜産物・水産物では労働力不足のリスク、関係人材・施設[3)]の減少リスク、輸入に依存する燃油・肥料・飼料穀物の価格高騰リスクは重大なリスク、温暖化リスクはほとんどの品目で顕在化、家畜伝染病リスクは重大なリスクとしている。ほかに、リスク毎の概要については2022リスク検証pp.31-51、リスクシートは同pp.56-96、品目別分析・評価表は同pp.100-195を参照されたい。

2．食料安全保障とは何か

（1）基本法における食料安全保障の考え方

前述のとおり基本法第２条第４項と第19条の規定から導かれると解釈すべきであるが、2022リスク検証で示された考え方は、基本法における考え方から逸脱している。

つまり、食料の国内生産にとって、農業労働力や農地は重要な生産要素であり、その必要不可欠な農業労働力や農地は、農業政策のよろしきを得れば必要量を確保できるはずであって、不足をきたすのであればそれは関係する政策が不適切であったことを意味する。つまり、食料安全保障の問題として扱うのではなく、基本計画に装備されているはずの政策の企画（P）➡実施（D）➡評価（C）➡見直し（A）のサイクルで解決すべき問題だろう。

したがって、基本法第２条第２項を根拠とすることには解釈として無理がある。

（２）食料・農業・農村白書の取り上げ方

食料・農業・農村白書（2021年度食料・農業・農村の動向）の第１章食料の安定供給の確保のうち、第２節食料供給のリスクを見据えた総合的食料安全保障の確立には、

――世界の食料需給は中長期的にひっ迫が懸念されることを踏まえ、我が国の食料の安定供給は、国内の農業生産の増大を図ることを基本とし、これに輸入及び備蓄を適切に組み合わせることにより確保することが必要であること

――食料の安定供給は、国の最も基本的な責務の一つであり、新型コロナウイルス感染症の拡大やロシアのウクライナ侵略等により、世界的に、輸入国間の競合等の食料供給に対する懸念も生じている状況の中、食料自給率の向上や食料安全保障の強化への関心が一層高まっていること

を指摘し、食料安全保障に関わる様々な状況と取組を紹介するとし、その構成は、(1) 食料価格の上昇の状況、(2) 主要農産物の輸入状況、(3) 国際的な食料需給の動向、(4) 不測時に備えた平素から取り組み、(5) 国際協力の推進となっている。そのうち (4) を見ると、「食料供給を脅かすリスクに対する早期の情報収集・分析等を強化」というタイトルの下に、農水省は、不測の事態に備え、平素から食料供給に係るリスクの分析等を行うとともに、我が国の食料の安定供給への影響を軽減するための対応策を検討、実施することとした。特に2021年７月に緊急事態食料安全保障指針を改正し、平素からの取組のなかに早期注意段階を新設するとともに、主要農産物の国際価格の上昇といった当時の状況を踏まえ早期注意段階を即時適用し、情報収集・分析等を強化した。また、令和４（2022）年３月には、ロシアによるウクライナ侵略を踏まえ、農林水産業や食品産業等の関連事業者に向けて「ウクライナ情勢に関する相談窓口」を設置したこと等について記述している。これは、基本法第２条第４項の食料安全保障の考え方に沿って整理をしたものだ。

3．食料の安定供給とはどのようなことなのか

（1）食料システムの考え方

食料の安定供給とは、農業分野において生産された農産物が流通して、食品製造業等で加工されて食品となり、生鮮の農産物・食品が卸・小売りを通じて、あるいは、外食産業による食事というサービスの形で、消費者の手元に届くことである。消費者が年間に飲食料品に支出する金額は83.8兆円（2015年）であるのに対して、国内の農林水産業が生産する食料農水産物の金額は9.7兆円（2015年）と全支出額の11.6％である。そのほかの88.4％は、輸入農水産物、加工・流通、外食等に帰属していることになる。

なお、食料安全保障の考え方については、食料の供給構造が上記のような実態となっていることを踏まえると、生鮮の農林水産物を中心として議論するよりも、消費者が何をどのように購入しているのかを前提に生産・加工・流通に加え、肥料や農薬などの生産資材や関係する投資を含めた食料に関わる全体を対象として議論する必要がある。

筆者は、こうした食料の生産・加工・流通・消費に加え、食品ロスなどの再資源化により循環しているものとして食料産業をとらえ、食料システムとは、食料産業の形成を前提として、市場メカニズムが機能するように、必要な食と農につながる制度を装備したシステムであると考えている。

1）食料産業とは何か

食料産業とは、まず高度経済成長期以降の食の成熟化（飽和化）により、食料消費が量的拡大（カロリーの増大）から質的充足（高価格・高付加価値化）へと変化してきたこと、次に女性の社会進出や世帯員数の小規模化が家事労働の外部化をもたらしたこと、需要面での変化が食料の加工・流通業における技術革新の進展をもたらしたこと（家庭では味わえない「おいしさ」「手ごろな値段」「料理の簡便さ」）から、生産～加工・流通～消費までが密

接につながれたこと、さらに市場メカニズムが基本的に作動することがその特徴としてあげられる。以上の点に加え、食料産業の起点をなす農業部門は、自然・社会・経済的な環境（土地、労働、経営などを含む）条件などに強く影響を受けていること、さらに、食料システムは、次の三者が有機的に結び付いた構成体を前提に成立していること。すなわち、地域コミュニティー（集落）を基層に成立した「市町村」、江戸時代の藩をベースに廃藩置県によって成立した「都道府県」、それらを統合する「国」である。以上の経過を経て、多様な消費者ニーズに適った財・サービスを提供し得る実態としての食料産業が形成されたと考えている。その規模としては、農水省の農業・食料関連産業では、農業、林業（きのこ類やくり等の特用林産物に限る）、漁業、食品加工業、資材（肥料・農薬・飼料など）供給産業、関連投資（農業機械、漁船、食料品加工機械等の生産や農林漁業関連の公共事業等の投資）、飲食店（いわゆる外食産業）、これらに関連する流通業を包括した産業であって、その集計額は、2017年度の付加価値額ベースで約55兆円と、対GDP比で約10％を占める産業としている。筆者は、農業を起点とする流通・加工・消費という「動脈」の世界だけでなく、生産された農産物・食品のロス・廃棄物、都市下水の汚泥などの再資源化といった「静脈」の世界からなる資源循環産業として食料産業を位置付けるべきではないかと考えている。

２）市場メカニズムが機能しているのか

市場メカニズムは、売り手と買い手による自由でかつ公正な競争条件が存在し、その結果、価格などの情報をシグナルとして社会の資源配分が適正に決定されることが基本である。しかし、この市場メカニズムは、例えば、チェーンストアシステムとPOS（販売時点情報管理）システムを装備した大規模量販店が情報力で納入業者に対して優位に立ち、買い手（大規模量販店）と売り手（納入業者）の力関係が対等とは言えないような事態（自由で公正な競争条件を欠くケース）が生じると不当な価格引下げなど望ましくない結果を招く。商品流通における取引の促進・効率化の観点から、取引数量、取引単位の大規模化が図られるようになると、大規模量販店などが価格形成において主導権を握るようになり、商品流通において優越的地位を有する主体（チャネルキャプテン[4)]）が登場することになる。すなわち、食料システムにおける下流側の企業（大規模量販店）による上流側企業（農業、食品製造業など）への価格引下げに関する不当な圧力が存在する事態が生じ得るようになってきたことにより、食料産業全体の健全な成長が阻害される恐れが出てきたことを意味する。言い換えれば、大規模量販店の登場は、それまでの流通構造に対して消費者利益の追求の観点から価格破壊を行い、消費者の支持を得てきたところであるが、競争が阻害されるといった事態は、消費者にとってはやがて価格引上げが起こるリスク[5)]があること、新規参入の可能性が低下し、イノベーションが起こりにくくなることから、産業の発展が止まり、やがて衰退をもたらす可能性があるということである。したがって、食料システムは、食料産業が市場メカニズムに基づき消費者の需要に応じた財・サービスを効率的に供給することとされていたものの、チャネルキャプテン（大規模量販店、プラットフォーム企業など）の登場による価格引下げなどの不当な圧力が存在する事態（優越的地位の乱用など）をもたらす場合が起こり得る構造＝仕組みとなってきたと考えられる。このような構造の食料システムにおいて、食料産業の健全な成長を確保し、どのような事態においても国民への食料の安定供給（食料安全保障に該当する場合を含む）が確保されるようにする観点から食料システムの一部（例えば、農業部門、食品製造業部門）だけではなく、その全体のレジリエンス（強靭性）の確保が重要な課題となってくる。とりわけ、人口減少の加速化に伴う食料産業の供給規模の適正化（効率化を図りつつ、必要に応じて適正規模までの縮小を図ること）を図らざるを得ない状況が起きる一方で、デジタル化に伴うプラットフォーム企業の情報優位の進行が見込まれることからすると、食料産業の健全な成長を担保する政策を遂行しつつ競争政策との連携を図っていくことが求められる（大橋 2021）。

（２）食料システムを取り巻く位相が変わった

１）資本主義経済の変質

もの・サービスの経済から金融の経済への変化は、固定相場制から変動相場制への転換に伴い、新自由主義経済の登場（規制緩和、小さな政府論）がもたらしたと言われている。その結果は、実体経済の不安定化を招き、国民の格差拡大・貧困化をもたらした。そうした世界的な変化のなかで、日本経済は、特にバブル崩壊以降、経済の停滞・衰退過程に陥っていることに加え、最近は、世界的なエネルギー・食料等資源価格の高騰と円安基調によって物価上昇基調に陥りつつあり、貿易収支の赤字化の定着によりこれまでの加工貿易立国の維持が難しくなるおそれがある。諸富（2020）は、必要なことはコスト削減ではなく、付加価値をどう伸ばし、労働生産性と炭素生産性を引き上げていくかであり、その場合、現代資本主義は不平等と格差拡大を招くことになることから、人的資本投資の拡充を通じて、格差の是正と経済成長を促す成長戦略を一体的に実行することが必要である。そのためには、雇用機会の確保のための積極的労働市場政策と脱炭素化のためのカーボンプライシングによって、産業構造の転換を図ることが重要だとしている。

また、日本経済については、高度経済成長期の総需要の増大に対応して生産能力の増加が図られる成長経済から、バブル崩壊以降総需要が伸びず生産能力を使いきれない成熟経済へと転換したとの評価の下で労働分配率の低下、企業の内部留保の増大が起こり、商品・サービスの価格低下、デフレマインドが醸成されるようになってきていると、小野（2022）は主張している。その結果、現状のデフレマインドの状況下では「資産選好」は高まっても「消費意欲（投資意欲）」は高まらないことから、放っておけば格差拡大と総需要不足、社会不安と経済不安を招くことになると主張する。そして、新たな需要を創出するために、単なる生産能力の拡大ではなく、新たな消費創出の可能性のある分野（芸術、歴史、文化の探究、スポーツ、観光など）に必要な投資（例えば教育などの人的投資）を行い、また、格差の縮小に向けた対策を講ずることとし、その費用は再分配政策を活用すべきとしている。

2）拡張期から収縮期への転換

日本経済の成長過程は、明治以降、富国強兵・殖産興業の下で人口増加を続けたが、21世紀に入り人口減少社会に転換した。すなわち、この150年間は、拡張期（明治維新以降の人口の増加、物価の上昇、経済の成長期）、1990年代半ばの転換期、その後の収縮期（人口の減少、物価の下落、経済の停滞・衰退期）に区切られる。

そうした事態の変化を踏まえ、金子・武本（2014）は、高度経済成長期における重化学工業や大規模電力事業のような重厚長大産業による大量生産・大量流通・大量販売を通じて経済の成長を図る集中メインフレーム型システムから、不確実性が高まり消費の成熟化が進展する状況においては国と地方の権限の再配置を前提に地域分散ネットワーク型システムへの転換を図るべきと主張している。また、枝廣（2018, 2021）は、東京に本社のある企業の工場を誘致し地元の雇用と税収増を期待する外来型開発は円高を契機に本社の意向により一方的に海外移転をされてしまうという問題があったことから、地域の産業による地域外への外需の確保と地域内の消費を支える事業の振興によって地域内経済循環の構築による内発的発展の有効性を主張している。

また、高度経済成長期は、地方部から都市部への人口移動が起こったが、安定経済成長期以降は、三大都市圏への移動から東京一極集中に転換した。このような人口配置も一因となって、空き地・空き家・耕作放棄・管理放置森林問題が出来し、所有者不明地の増加が懸念されている。

武本（2021）は、縦割り型土地・空間に関する現行制度を、基礎自治体が地域住民の参画を前提に統合的管理計画を策定する制度に転換すべきと主張している。また、耕作放棄地とは農業用に使いきれない農地のことであり、その発生は農地が余っていることを意味する。人口減少社会において余ってくる農地は食料安定供給の確保の観点からは農地以外に転用すべきだという主張につながりかねない。農地の林地化という財政論からの主張も同じ文脈にある。こうした主張に対して、小川（2022）は、一定の前提（人口の減少と農地の減少のトレンドなど）のもとに全国民が必要とするカロリーを生み出すための必要な農地面積が将来の農地面積を下回る時期を2050年代初頭と予測している。それは食料安定供給の確保の観点から余るとされる農地が出現する時代を迎えるということを意味する。残された期間に将来余るとされる農地について、世界の将来人口の増加が見込まれる中で、コストのかからない元の自然に返すのか、外国人に管理をゆだねるのか、それともいざという時に国内外の食料の安定供給に貢献させる観点から農業的に活用していくことにするのか、今からこれを議論すべきだとしている。

なお、地球温暖化の進行、新型コロナウイルス感染症のパンデミック、大規模地震の出来はリスクの問題として議論されるが、確率論的な事象であるのか、実際の政策対応ではリスクを過小に見積もり不十分な対策によって被害を拡大してきたのではないか。むしろ不確実性の問題として、最悪の事態を想定した対策をとる必要があるのではないか。2020年10月に菅総理大臣（当時）が2050年までに脱炭素の実現を約束したが、その実現について、斎藤（2020）は、これまでの延長で人間の活動（経済・社会）と生態系の活動（自然）との関係を調和させることはできないのであり、地域における相互信頼と自治に基づいた脱成長コミュニズムを目指すべきと主張している。

4．食料システム論を組み込んだ法的枠組みの在り方について

農家保護と農村の貧困を解消することを目的とする農業基本法を廃止して制定された基本法は、国民全体にとっての便益の向上を目的とする。具体的には、食料の安定供給の確保と農業・農村の多面的機能の発揮を農業の持続的発展を通じて実現することとし、その前提として農村の振興を図ることとしたものである。

同法をはじめとする食と農をつなぐ制度では、効率的かつ安定的な農業経営が農地の大部分を保有する望ましい農業構造を実現することを目標とした

ものであり、その理念・思想は、農業基本法と同様に大規模専業経営をめざすこととしていたものである。大規模専業路線は、需要の拡大（人口は引き続き増加）、価格は上昇（物価上昇＝価格転嫁が可能）、ウルグアイラウンド交渉の結果の現行国境措置は維持という前提が存在して成立するのである。これはまさに拡張期の想定にほかならない。しかし、21世紀に入ると、人口減少、物価の下落、TPP・日欧EPAなどのメガFTAの締結による関税の引き下げ、経済の停滞・衰退という収縮期となり、その位相は大きく転換した。そのことを前提とすれば、これまでの路線は食料システムを脆弱にしてしまう恐れがある。なぜなら、経営にとって不確実性が高くなり、コスト増加を価格に転嫁しにくい環境下で、一年一作を基本に、価格弾力性・所得弾力性が相対的に小さい商品特性であることを踏まえると、食料の安定供給確保も多面的機能の発揮も困難であり、そもそも農村の振興も見込めない。したがって一律に大規模化を図る政策の妥当性が問われるべきだったといえる。また、ゼロエミッション化の実現を前提に、食料の安定供給の確保と多面的機能の発揮の二つの基本理念の実現のためには、二つの基本理念の関係のあり方が問われてくる。つまり、食料の安定供給の確保としては、例えば、単収の増加、投下労働量の減少による生産性の向上が考えられる。また、多面的機能の発揮としては、例えば、堆肥など有機物の施用を通じた土づくりによって、土壌中に炭素をいったん隔離し、多様な微生物の働きによって時間をかけてCO2の形で大気中に拡散するという生態系システムの活用が考えられる。こうした両者の関係は相互代替関係にあるので、経済の効率性を優先すれば炭素隔離のための営農活動（コスト増加要因）を省略することが合理的となり、その結果、地球温暖化を促進することになる。

したがって、まず、食料システムにおける市場メカニズムの機能（公正な競争条件）の確保及び不測の事態における機動的かつ必要な対応を通じた食料安定供給機能が維持し得るよう、集中メインフレーム型から地域分散ネットワーク型へ転換するための仕組みを導入することが必要となる。すなわち、物流と商流の生産から流通・加工を通じて消費に至るトレーサビリティシステムを導入すること、食料システムの透明性の確保とイノベーション誘発の観点から関係事業者等の情報へのアクセスを許容すること、国と地方との関係について補完性の原則に基づいた権限の再配置（例えば、地域のニーズに沿った暮らし・仕事・環境に関する土地・空間に係る統合的な計画は地方自治体が策定）を実施することが考えられる。

次に、ゼロエミッション化の実現には、食料の安定供給の確保と多面的機能の発揮の二つの基本理念を相互補完の関係として位置づけること、その上で、食料生産による生産性向上効果と炭素隔離効果との定量化が可能となるような措置を導入することとし、例えば、炭素税、排出量取引などのカーボンプライシング措置を導入すること（シュミッツ 2022）が考えられる。

以上の論点は、食料システムの脆弱化の方向をレジリエンス（強靭性）の維持・向上の方向に転換することにほかならない。さらに以下の課題に応えていく必要がある。

――農村の振興

例えば、その担い手として多様な人材・組織の共存の在り方

――農業の持続的発展

例えば、多様な主体の位置付け（大規模経営、中小規模経営、家族農業、小農経営、自給農業など）、多様な営農類型の位置付け（自然栽培、有機栽培、慣行栽培を含む自然環境と調和した営農）、消費者のニーズに対応した多様な生産流通モデルの位置付け（共同出荷、産直、６次産業化、Eコマース（電子商取引））

――収縮期における食料産業政策と競争政策の連携の在り方の明確化

例えば、公正な競争条件の確保と直接支払い制度の導入の両立の在り方

注

1）食料供給に係るリスクの分析・評価結果（2015年３月農林水産省大臣官房食料安全保障課）。

2）2022リスク検証の「はじめに」参照。

3）関係人材・施設のうち、関係人材とは農業の専門的技術・知識を有する普及

指導員など、関係施設とは産業動物分野の家畜の診療体制等をそれぞれ指す。

4）チャネルキャプテンとは、戦前は「問屋」、1950年代の第一次流通革命ではメーカー（製造業）、1980年代の第二次流通革命では小売業者（特に大規模量販店）。最近では、情報偏在をもたらすネットワーク型産業を構成するプラットフォーム企業（巨大IT企業の５社のGAFAMなど）の登場。情報独占の問題が指摘されている。

5）現在の流通段階の問題は、消費者への価格引き上げが起こりにくい結果、正当なコスト増加に伴う販売価格への転嫁が起こりにくいことである。その要因としては、本文３の(2)の１）を参照。

参考文献

枝廣淳子（2018）『地元経済を創り直す』（岩波書店）
枝廣淳子（2021）『好循環のまちづくり！』（岩波書店）
大橋弘（2021）『競争政策の経済学　人口減少・デジタル化・産業政策』（日本経済新聞出版）
小川真如（2022）『日本のコメ問題』（中央公論新社）
小川真如（2022）『現代日本農業論考』（春風社）
小野善康（2022）『資本主義の方程式』（中央公論新社）
金子勝・武本俊彦（2014）『儲かる農業論　エネルギー兼業農家のすすめ』（集英社）
斎藤幸平（2020）『人新世の「資本論」』（集英社）
シュミッツ、オズワルド（2022）「人新世の科学―ニュー・エコロジーがひらく地平―」（岩波書店）
武本俊彦（2021）「土地の過少利用時代における農地の所有・利用の在り方」『地域開発』2021．冬vol.636　pp.50-54
諸富徹（2020）『資本主義の新しい形』（岩波書店）

〔2022年９月24日　記〕

第2章

農業の担い手に関する現状と政策上の課題

安藤　光義

1．はじめに

食料・農業・農村基本法（以下、基本法とする）の見直しが進行している。本稿では農業の担い手という視点から基本法見直しの背景や今後の課題について考えることにしたい。

何故、基本法を点検することになったのか。ウクライナ危機がもたらした状況が食料安全保障の重要性を意識させたことが大きいが、農業政策という点では、農林水産省がKPIとして掲げた、2023年度までに担い手への農地集積率80％の達成が困難になってきたことへの対応が迫られたという事情があるかもしれない。この点はともかく、農地中間管理機構を設立し、担い手への農地集積の促進に努めてきたが、農地の受け手がいない中山間地域などではどうやっても思うような実績をあげることは難しい。また、「地域の農地は地域で守る」べく集落営農が設立されて法人化が進められたが、後継者の確保に難航し、存続が危ぶまれるところが増えてきた[1)]。一方、営農条件に恵まれた平坦水田地帯でも農業後継者不在の農家が多く、現在の経営主世代は農地を引き受けて維持しているが[2)]、将来的にはそうした農地は手放され、残っている担い手では農地を受け切れないことが懸念される事態を迎えている。農地供給層の形成を促進することよりも、農地の受け手の育成・確保の方が重要という局面に日本農業全体が移行しているのである。それが基本法見直しの1つの大きな背景にあるように思う。

以下では、最初に日本農業が迎えているそうした危機的状況を農林業センサスの結果を通じて確認し、担い手の育成・確保についての課題について簡単な検討を行う。分量的にはここが多くなる。

次に基本法見直し作業に先駆けて行われた農業経営基盤強化促進法など一連の農地制度の改正と「環境と調和のとれた食料システムの確立のための環境負荷低減事業活動の促進等に関する法律（以下、みどりの食料システム法とする）」の意義と課題について検討を行う。食料・農業・農村基本法制定（1999年）の時もそうであったが、これよりも前に農業経営基盤強化促進法（1993年）が制定され、農業政策としては認定農業者制度が用意されていた。基本法の下では品目横断的経営安定対策（2007年）が導入されたが、原則としてこれに基づいて農業政策は推進されることになった。この前例が踏襲されるとすると、新しい基本法が制定されたとしても実際の農業政策は、改正された一連の農地制度とみどりの食料システム法によって推進される可能性が高いことになる。農業政策担当部署は基本法見直しの前に機先を制して自らのポジションを固め、これからの議論に臨んでいこうということなのかもしれない。

センサスにみる農業構造の現状分析と立て続けに行われた制度改正・制定の検討の２部から本稿は構成されることになる。

2．危機的状況を迎える日本農業

（1）縮小再編が続く日本農業

2000年以降、日本農業は長期間にわたって縮小傾向が続いている。**図2-1**をみると分かるように農業経営体数、経営耕地面積、基幹的農業従事者数という３つの基本的な指標は減少が続いている。2005年には200万を超えていた農業経営体数はセンサスの度に30万以上も減少し、2020年には100万を切るところまで来た。基幹的農業従事者数も220万人を超えていたのが2015年には200万人を切り、2020年には136万にまで減ってしまった。このままのペースで行くと2025年には100万人を大きく割り込むのは確実である。農業経営体、基幹的農業従事者が減少しても経営耕地面積が減少していなければ

図2-1　経営体数、農地面積、基幹的農業従事者数の推移（全国）

資料：各年農林業センサスより筆者作成

表 2-1　大規模経営への経営耕地面積集積率の推移

	経営耕地面積集積率				経営耕地面積指数
	5ha 以上	10ha 以上	20ha 以上	30ha 以上	
北海道					
2005 年	97%	91%	76%	62%	100
2010 年	98%	93%	81%	67%	100
2015 年	98%	95%	84%	71%	98
2020 年	99%	96%	87%	75%	96
都府県					
2005 年	21%	11%	6%	4%	100
2010 年	32%	20%	13%	9%	98
2015 年	40%	27%	17%	12%	92
2020 年	50%	36%	25%	18%	84

注：経営耕地面積指数は 2005 年の値を 100 とした指数
資料：各年農林業センサスより筆者作成

構造再編が進んでいることになるのだが、農地面積も減少が続いている。2010年から2015年にかけての減少幅は18万haだったのが、2015年から2020にかけてのそれは22万haと増加している。これら３つの基本的な指標の減少率をとると、2010年以降はセンサスの度に拡大しているのである。

このように土俵が次第に縮小するなかで、担い手への農地集積は進んでいる。**表2-1**は大規模経営への農地集積率の推移を北海道と都府県に分けて示したものである。

これをみると分かるように北海道では農地の９割近くが20ha以上層に、４分の３が30ha以上層に集積されており、担い手への農地集積は完了している。2005年以降、農地面積の減少も僅かにとどまっている。北海道では農業経営体の減少をいかにして抑え、農村社会をどうやって維持していくかに課題が移行しているのである。大規模経営の廃業を抑え、後継者不在の場合は第三者継承を進めることが求められている。

都府県も大規模経営への農地集積は進んでいる。2005年時点では5ha以上層への農地集積率は2割に過ぎなかったのが、2015年には4割、2020年には5割にまで増加した。20ha以上層には4分の1、30ha以上層にも2割近くの農地が集積されている。また、大規模経営への農地集積率の増加ポイントも、2010年から2015年のかけてのそれよりも2015年から2020年にかけての方が大きく、構造再編の速度は上がっている。問題は農地面積を減らしながらの構造再編という点にある。2005年の経営耕地面積を100とすると、2010年は98、2015年には92、2020年には84と最近になるほど減少幅が拡大している。都府県では退出する農業経営体が供給する農地を受け切れていないことを意味している。

（2）拡大する地域格差

都府県の状況をもう少し詳しくみてみよう。**図2-2**は大規模経営への農地集積率を都府県別に示したものである。これから分かるように地域格差が大きい。

四国の4県は押しなべて低く、山梨や和歌山など果樹産地も小さい。樹園地での農地集積は難しく、樹園地流動化については適正な小作料や有益費償還のルールの設定など特殊かつ複雑な課題をクリアしていく必要がある[3)]。また、農繁期に集中する労働力需要に応じる関係機関の支援がないと規模拡大はできないという事情がこれに加わる。

四国と同様、中山間地域を多く抱える中国は集落営農の設立が進められているため農地集積率は一定以上になっており、20ha以上層あるいは30ha以上層への農地集積率は北関東や一部の東北の諸県を上回っている。ただし、集落営農の後継者を確保することができず、その存続が危ぶまれているとこ

図2-2　大規模経営への農地集積率（都府県・2020年）

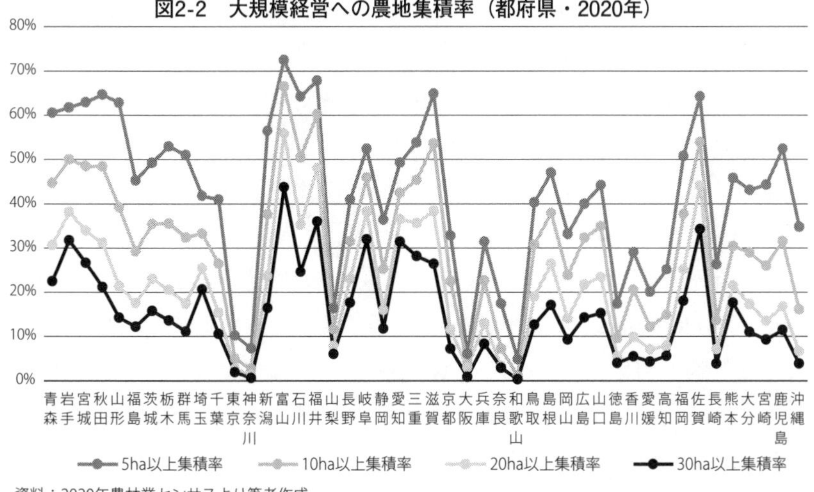

資料：2020年農林業センサスより筆者作成

ろが多いというのが実情である[4)]。

集落営農という点では佐賀が突出した農地集積率を誇っているが、それは品目横断定経営安定対策としてカントリーエレベーター単位などでの大規模な集落営農の設立が行われた結果である[5)]。佐賀ほどではないが福岡も同様である。

それ以外の九州の諸県は園芸や畜産が盛んで、個別複合経営の層が厚いため、５ha以上層あるいは10ha以上層への農地集積率は高いが、20ha以上層や30ha以上層への農地集積率はそれほど高くはない。東北も九州ほどではないが個別経営が分厚く存在しているため５ha以上層や10ha以上層への農地集積率は高いが、それより上の階層への農地集積率となると東海のいくつかの県に抜かれてしまうことになる。新潟も東北に近い構造にある。

都府県で農地集積率が高いのは北陸と東海である。集落営農の展開もみられるが、ここに滋賀を加えることができる。莫大な農地供給層の形成を背景に数十ha規模、ところによっては数百ha規模の大規模借地経営が展開している。そうした地域は北海道と同様、構造再編は終了しており、問題は大規模借地経営をいかにして存続させられるかに移行している。

都府県の各地域の農業構造は以上のように概括することができる。

また、担い手への農地集積率に着目すると、その格差は拡大する傾向にある。2010年および2015年時点での20ha以上層への農地集積率を横軸に、2010年から2015年にかけての20ha以上層への農地集積率の増加ポイントおよび2015年から2020年にかけてのそれを縦軸にとり、都府県をプロットした**図2-3**をみていただきたい。

この図から、農地集積率の高い都府県ほど農地集積率の増加ポイントが大きくなる傾向を確認することができる。すなわち、担い手への農地集積が進んでいる都府県ほどその傾向が一層強まるということであり、都府県の格差は拡大している。その結果、北陸や東海などの構造再編進展地域が直面している課題と集落営農に取り組んできた中国が抱えている課題の異質性はより一層際立ってくることになる。

また、2010年から2015年にかけてよりも2015年から2020年にかけての農地集積率の増加ポイントの方が全体的に高くなっており（薄い丸よりも濃い丸

図2-3　20ha以上層への経営耕地面積集積率と増加ポイントとの関係

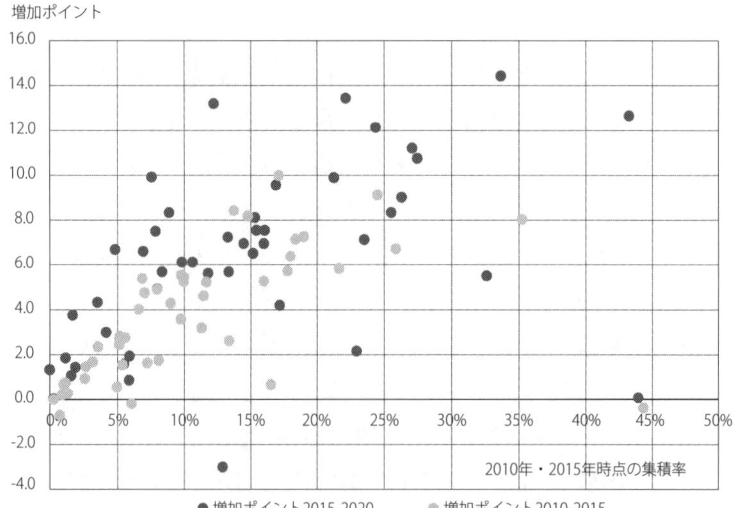

資料：各年農林業センサスより筆者作成

の方が上の方に位置しており）、農地を減らしながらも構造再編の速度は全体的に上がっている。なお、農地集積率45％のまま変化していないのは、品目横断的経営安定対策対応で一気に大規模集落営農を設立した佐賀である。

（3）農地を受け切れるのか

今後の最大の課題はリタイアする経営が供給する農地を残った経営が引き受けることができるかにある。だが、センサスの結果をみると、それだけの余力が担い手から失われている点が懸念される。

図2-4は横軸に、2005年から2010年、2010年から2015年、2015年から2020年にかけての農業経営体数の減少率、縦軸に同じく３つの期間の借入耕地面積の増加率（増加借地率）をとり、都府県をプロットしたものである。農業経営体が減少しているほど増加借地率が増加しているのであれば順調に構造再編が進展していると考えることができるのだが、そうした傾向はセンサスの度に失われつつあるというのが図の示すところである。すなわち、2005年

図2-4　農業経営体数減少率と増加借地率との関係の推移

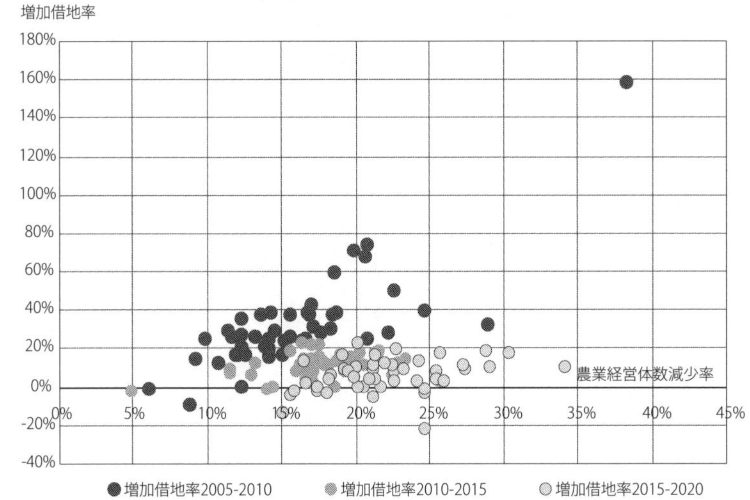

●増加借地率2005-2010　●増加借地率2010-2015　○増加借地率2015-2020

資料：各年農林業センサスより筆者作成

から2010年にかけては（最も色が濃い丸）、佐賀が異常値で引っ張っていることもあるが、それを除いたとしても弱いながらも右肩上がりの傾向を確認することができた。しかし、2010年から2015年（最も色が薄い丸）、2015年から2020年となるに従い、横軸の値が大きな方にプロットがシフトするだけなく、縦軸へのプロットの盛り上がりの高さは低くなっている。これは経営体の減少率が高まっているにもかかわらず、借入耕地面積の増加率はそれに見合うだけのものとはなっていないことを、つまり、農家が減っても農地の貸し借りが増える構造にはなっていないことを意味する。供給された農地を担い手は受け切れていないのである。

こうした事態が今後どれくらいの規模で生じるのだろうか。**表2-2**は農業後継者の確保状況別に農業経営体がどれくらいの農地を保有しているかを概観したものである。「５年以内に引き継がない」とあるのは後継者が経営主になったばかりで農業後継者の確保は当面は問題とならないということである。この表から分かるように、農業後継者を確保していない経営体は全体の７割以上にのぼり、経営耕地面積の６割弱、借入耕地面積の５割を保有している。こうした経営体が直ちにリタイアするわけではないが、借入耕地面積については経営主の加齢とともに地主に返還され、農地市場に供給されると考えられる。その面積は63万haある。また、自作地も含めて経営耕地の全てが貸付けに回った場合は187万haにものぼることになる。これだけの農地を引き受けることができるのか。そして、それができないと日本農業の供給力は大きく低下することになる。

表 2-2　後継者の確保状況別農業経営体の状況

単位：千経営体、ha、千 ha

	農業経営体数	１経営体当たり経営耕地面積	経営耕地面積	借入耕地面積
農業後継者を確保している	262（24.4%）	4.1	1,083（33.5%）	508（40.4%）
５年以内に引き継がない	49（ 4.6%）	5.7	281（ 8.7%）	121（ 9.6%）
農業後継者を確保していない	764（71.1%）	2.4	1,869（57.8%）	628（50.0%）

注：（　　）内の%は農業経営体全体に占める割合。
資料：2020 年農林業センサスより筆者作成。

３．情勢変化に対応した制度改正

（１）一連の農地制度改正―地元の合意が優先される仕組みに―

農業経営基盤強化促進法、農地中間管理事業の推進に関する法律（以下、農地中間管理事業推進法とする）、農地法などの農地制度の一連の改正は基本法の見直しに先駆けて行われた。それが基本法の見直しとどのような関係にあるのかは定かではないが、新たな基本法が制定された場合でも農業政策は基本的にこの枠組みの下で推進されると思われる。

この制度改正のポイントは、①人・農地プランが地域農業経営基盤強化促進計画（以下、地域計画とする）として法定化されたこと、②農地中間管理機構（以下、農地バンクとする）が新たに実施する農用地利用集積等促進計画に農業経営基盤強化促進法の農用地利用集積計画が統合されたこと、③効率的かつ安定的な農業経営のほかに「農業を担う者」が加えられたこと、④農地法３条にある農地の権利取得の下限面積が撤廃されたことなどである。

基本法は「専ら農業を営む者等による農業経営の展開」（第22条）を重視していたが、この前のセンサス分析で明らかになったように中山間地域など担い手不足が深刻な地域では構造再編路線は破綻している。「専ら農業を営む者」に限定せず、ともかく農地を耕して農村を支えてくれる者を求めているのである。そうした切迫した状況に追い込まれている地域では担い手への農地集積などより地域社会の維持・振興の方がはるかに重要な課題となっている。１人でも多くの移住者に多業型兼業で生計を成り立たせて定着してもらいたいと考えており、その形態の１つとして半農半Xを推進しているのである。こうした農村の現場の実情が③と④の改正となって反映したのであり、農村政策とのリンケージを強く意識したものと考えることができる[6)]。また、新規就農者を確保・育成するため農業経営・就農支援センターが設置されることになった。「農業を担う者」のすそ野を少しでも広げていきたいということのあらわれである。さらに農地の担い手としてJA出資農業生産法人の果たす役割も評価され、農協による農業経営に係る組合員の同意手続きの緩和が図られた点も注目される（農協法改正）。

人・農地プランの地域計画としての法定化に対しては、当初、全国市長会から反対の声があがったことは記憶に新しい。しかし、最終的には地域合意に基づく将来の農地利用として地域計画は位置づけられることになった。この眼目は農地の配分計画の決定が農地バンクではなく市町村へ、すなわち、農村の現場に委ねられ、地元での話し合いによって策定された地域計画と目標地図が最優先されるようになったことにある。また、都道府県知事の認可権限の市町村長への移譲が可能となったが7)、この移譲が進むことになれば、「農地の自主的管理」の復活といえるかもしれない。いずれにせよ、現場が策定した地域計画が最優先され、農地バンクはその達成に資するように事業を実施する関係になったことは大きな変化である。この変化を全国農業会議所の稲垣照哉氏は「コペルニクス的転回」と呼び、次のように記している。

> ……もはや農地バンクは農地を白紙委任で借受け農地の借受け希望者を公募で募集し最も競争力のある者に配分するという農地利用の設計・企画を行う機関から、地域の調整を経て策定された地域計画に添付されている「目標地図」に記載されている「農業を担う者ごとに利用する農用地等を定め」られた通りに「農用地利用集積等促進計画」で地域計画の達成を目指す機関へと転換を図ったのである（稲垣 2022、p.19）

こうなると地域計画は農業政策にとって決定的な要素であり、これがなければ全てが動かないことになってくる。かつて農協系統は「集落の水田は集落で守る」をスローガンに集落ビジョンを「地域の羅針盤」として掲げ、その策定と実践を推進し、それを地域営農ビジョンとして引き継ぎ、「人・農地プラン」を主体的に捉え直して推進していた時期があった8)。今後、同様の取り組みを地域計画を通じて行うことができるかどうかが市町村に問われることになる。

(2) 運動としての地域計画—意義と限界—

新制度の下での課題は、地域計画と目標地図が単なる将来構想図や農地貸借の現状を反映しただけの管理計画にしてしまわないことであり、魂の入った「生きた地域計画」とすることができるかにある。地域計画は一度策定したらそれで終わりではない。状況の変化に応じて見直しが絶えず求められる運動でなければならない。地域計画を策定する「協議の場」がそうした運動の場となり、実質的な機能を果たせるかどうか。農業委員会と行政とが役割分担をしながら進めていくこの制度がそうした性格を有するものとして運用されるかどうか。

過去に遡れば、農用地利用増進法における農用地利用改善団体はそのような性格を有する制度であったと考えるが、「設置できる」規定だったということもあり、残念ながら今となっては名前だけの存在となってしまった[9)]。市町村は地域計画を策定しなければならないとはいえ、似たような運命を辿ってしまわないかが懸念される。地域の実情と乖離しないよう、「受け手が直ちに見つからない等最終的な合意が得られなかった農地については、作成後も随時調整しながら反映」することでよいとされ、目標地図でも受け手を確定せず「今後検討」とすることを認めるといった周到な配慮がされたが[10)]、その結果、単なる現状を記しただけの地域計画になってしまう可能性もあるからである。

また、担い手が全くいない地域では一面が「今後検討」となっている目標地図にならざるを得ないし、さらに、そうした地域では「あらゆる政策努力を払ってもなお農業上の利用が困難な農地」として「農山漁村の活性化のための定住等及び地域間交流の促進に関する法律（以下、農山漁村活性化法とする)」の活性化計画を全面的に適用し、農地から外してしまうところが少なからず出てくることが予想される。改正された一連の制度はそうした危険性もはらんでいるのである。

以上はあくまで制度論にすぎない。実際には、中山間地域では担い手不足と集落営農の存続が、平場では大規模経営の一層の拡大と経営継承が依然、現実の問題として残されている。一連の農地制度の改正と地域計画はこれを直接解決するものではない。農業経営基盤強化促進法に「農業を担う者」が追加されたとはいうものの、彼らに対する具体的なメリット措置は用意されていないのである。その結果、農山漁村活性化法の活性化計画を使って林地化を進めたいというところが出てきてしまうのである。最終的には農業者と農地を支える直接支払い制度が不可欠ではないだろうか。予算措置を伴うためここまでは踏み込めなかったのかもしれないが、今後の基本法見直しにおいて直接支払いに関する議論がどのように展開されるのかは1つのポイントだと考える。

（3）みどりの食料システム法の仕組み：消費者負担型農政・計画認定制度

みどりの食料システム法は「食料システム」を「農林水産物等の生産から消費に至る各段階の関係者が有機的に連携することにより、全体として機能を発揮する一連の活動の総体」として定義し、「農林漁業者、食品産業の事業者、消費者その他食料システムの関係者の理解の下に、これらの者が連携することにより、その確立が図られなければならない」ことを基本理念に掲げるものである。そして、国の責務、地方公共団体の責務、事業者及び消費者の努力が記されることになった。特に消費者に対しては「環境への負荷の低減に資する農林水産物等を選択するよう努めなければならない」という努力を求めており、消費者負担型農政を意味している。環境保全型直接支払交付金については若干拡充されたものの[11]、直接支払い制度を想定した政策転換というわけではない。「生産における環境への負荷の低減の状況を的確に把握し、評価する手法を開発する（第14条)」とあるので、今後の展開を期待したいが、現時点では全くの未知数である。なお、持続性の高い農業生産方式の導入の促進に関する法律（エコファーマー制度）は廃止となった。

農業者は環境負荷低減事業活動に取り組むことになる。同事業活動の定義は、①堆肥その他の有機質資材の施用により土壌の性質を改善させ、かつ、化学的に合成された肥料及び農薬の施用及び使用を減少させる技術を用いて行われる生産方式による事業活動、②温室効果ガスの排出の量の削減に資する事業活動である。さらに、集団又は相当規模で行われることにより地域における環境負荷の低減の効果を高める事業活動は特定環境負荷低減事業活動とされ、その促進を図る区域は特定区域とされる。

図2-5の左側が都道府県・市町村の下で行われる業務であり、基本計画の作成と農業者が作成した事業活動計画の認定である。国が策定した環境負荷低減事業活動の促進及びその基盤の確立に関する基本方針（基本方針）に基づき、都道府県と市町村が共同で環境負荷低減事業活動の促進に関する基本計画（基本計画）を作成する。この基本計画を作成した市町村の区域において環境負荷低減事業活動を行う農業者は環境負荷低減事業活動計画を作成し、都道府県知事の認定を申請することになる（計画認定制度）。特定環境負荷低減事業活動を行う農業者についても同様である。そして、認定を受けた事業活動計画（認定計画）に従って行われる事業活動に対して支援措置が講じられることになる。

また、特定区域で有機農業の生産団地を形成する場合は、市町村長の認可を受けて有機農業を促進するための栽培管理に関する協定を締結することができる。農業者の個別の取組と集団での取組の両方が可能だが、より波及効

図2-5　環境負荷低減事業実施活動推進の仕組み

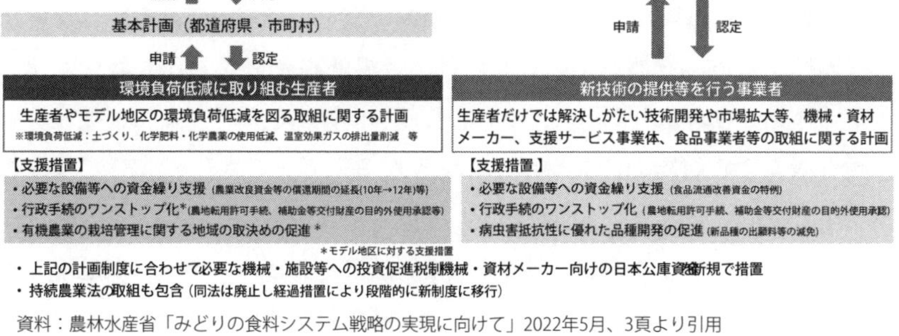

基本方針（国）

協議 ↑ ↓ 同意

基本計画（都道府県・市町村）

申請 ↑ ↓ 認定

申請 ↑ ↓ 認定

環境負荷低減に取り組む生産者

生産者やモデル地区の環境負荷低減を図る取組に関する計画
※環境負荷低減：土づくり、化学肥料・化学農薬の使用低減、温室効果ガスの排出量削減　等

【支援措置】
- 必要な設備等への資金繰り支援（農業改良資金等の償還期間の延長(10年→12年)等）
- 行政手続のワンストップ化*（農地転用許可手続、補助金等交付財産の目的外使用承認等）
- 有機農業の栽培管理に関する地域の取決めの促進 *

＊モデル地区に対する支援措置

新技術の提供等を行う事業者

生産者だけでは解決しがたい技術開発や市場拡大等、機械・資材メーカー、支援サービス事業体、食品事業者等の取組に関する計画

【支援措置】
- 必要な設備等への資金繰り支援（食品流通改善資金の特例）
- 行政手続のワンストップ化（農地転用許可手続、補助金等交付財産の目的外使用承認）
- 病虫害抵抗性に優れた品種開発の促進（新品種の出願料等の減免）

- 上記の計画制度に合わせて必要な機械・施設等への投資促進税制機械・資材メーカー向けの日本公庫資金新規で措置
- 持続農業法の取組も包含（同法は廃止し経過措置により段階的に新制度に移行）

資料：農林水産省「みどりの食料システム戦略の実現に向けて」2022年5月、3頁より引用

果の高いものとして後者があり、さらに有機農業については協定の締結という高度な取組が実施できるという立て付けである。

農業者への支援措置には税制と融資がある。税制では、計画認定制度に基づいて設備等を整備する場合、機械等は32％、建物等は16％の特別償却が認められた（みどり投資促進税制）。土壌センサ付可変施肥田植機、水田除草機、色彩選別機などが該当する。日本政策金融公庫等の融資では、前述の機械等の導入に対する農業改良資金（無利子）の貸付と償還期間の延長、家畜排せつ物の強制攪拌装置等を備えた施設の導入に対する畜産経営環境調和推進資金（利率0.5％、20年以内）の貸付などの特例措置が設けられた。

農業者が作成した計画を認定し、それに基づいて税制と融資で支援措置を行うという認定農業者制度によく似たスキームということができる。

（4）環境負荷低減実施活動推進のための課題

以上がみどりの食料システム法の概要だが、現実的には、最初から完全な無農薬・無化学肥料の有機農業にチャレンジするのではなく、農業者が無理なく取り組むことができるような認定計画の策定を支援し、環境負荷低減事業活動のすそ野を可能な限り広げることから始めることになるだろう。こうした取り組みの蓄積がない地域では特にそうならざるを得ない。地道な取り組みを着実に積み上げながら、特定環境負荷低減事業活動、さらには有機農業を促進するための栽培管理に関する協定の締結を目指していくしかない。

環境負荷低減実施活動の面積を大きく増やすには、水利用も含めて一体的な栽培管理が求められる稲作での取り組みに力を入れるのが近道ではないだろうか[12)]。一方、有機農業の拡大には、新規就農者を受入れて独立させてきた「野菜くらぶ」のように、生産者集団を支援するだけでなく、彼らの生産物を販売する組織の設立がポイントとなると考える[13)]。こうした有機農業生産者は地域を越えて集団を形成していることが少なくなく、その場合は特定区域の設定や有機農業に関する栽培管理協定などのスキームが適用できない可能性がある。今後の状況次第では柔軟な制度変更が必要となるだろう。

図2-6　食料・農業・農村基本法の４つの政策理念の関係

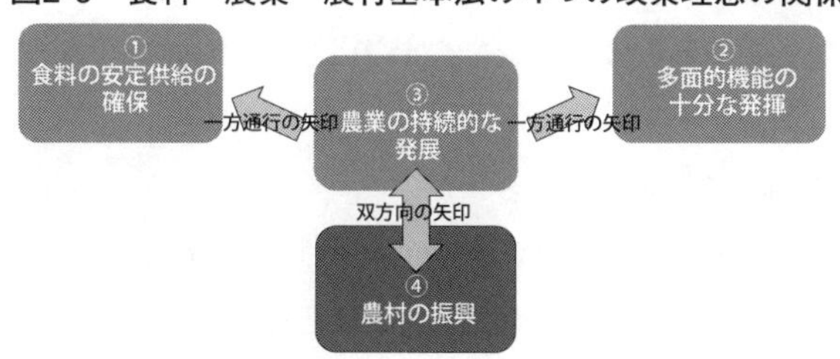

政策実施面での課題は上記の通りだが、**図2-6**に示す基本法の４つの政策理念の中心に位置する「持続的な農業の発展」を推進するだけの実効性を持ち得るかどうか。また、新しい基本法を構成する支柱となり得るかどうか。みどりの食料システム法は③から①までの領域を広くカバーし、①と③の関係はは④と③の関係のように双方向の矢印となると考えてよいのだろうか。

（3）の最後でも触れたように、みどりの食料システム法も直接支払いには全く触れていない。基本的に消費者負担型農政であり、計画認定制度と税制・融資によって農業者の投資を促し、イノベーションを推進するものにとどまっている。環境支払いや有機農業支払い等の直接支払制度は新設されず、環境負荷低減活動の拡大を直接牽引するような政策は用意されていない点に問題が残されている。最低でも環境負荷低減実施活動に伴う掛かり増し経費や減収分に対する補償支払いの実施がないと実績はあがらないのではないか。環境支払いの拡充とその延長線上にある直接支払いは今後の課題として残されることになった。

さらに、認定農業者制度と計画認定制度との関係をどのように整理すればよいか（基本構想と地域計画との関係の整理も残されている）という現場の政策執行体制にも問題が残された。今回の一連の農地制度改正と法律制定は市町村の負担を増やすことが予想されるのである[14)]。

4．おわりに

最後に本稿の内容をまとめておきたい。

農業経営体数、経営耕地面積、基幹的農業従事者数という3つの基本的な指標は減少が止まらず、特に経営耕地面積については減少の度合いが近年強まっている。大規模経営への農地集積率は上昇傾向にあるが、農地面積の減少の下で進んでいることに注意する必要がある。日本農業の土俵は着実に狭まっているのである。

構造再編の進展の地域差は拡大する傾向にある。農地集積率が高い地域ではその一層の進展が予想され、農地を受け切れない状況が生じる可能性もある。中山間地域や果樹地帯では受け手不在で農地の荒廃が進んでいる。地域の農地は地域で守るべく設立された集落営農も法人化は進んでいても経営継承の危機を迎えている。北海道では経営体数の減少をいかにして抑えるかに課題が移行している。

日本農業の課題は農地供給層の形成を後押しするのではなく、リタイアした農家が供給する農地を残った経営がどこまで引き受けられるかに変化している。構造改革路線は行き詰まりをみせているのである。基本法見直しの背景にはそうした状況の変化がある。

基本法見直しに先駆けて、一連の農地制度の改正が行われ、みどりの食料システム法が制定された。農業政策のスタンスはこれで臨むという決め打ちがされたとみるのか、まだ隠し玉が用意されているのかは分からない。

農業経営基盤強化促進法の改正は「農業を担う者」を位置づけ、担い手の絶対的な不足に対応するとともに、農地法改正による下限面積の撤廃による半農半Xの推進など農村政策との連携が意識されたものと考えることができる。ただし、農業を担う者に対する具体的な支援措置は用意されていない。それに当たるのが直接支払制度だが、全く触れられておらず、基本法見直しの中でどのような議論が行われるかが注目される。

みどりの食料システム法も原則として消費者負担型農政にとどまっている。環境負荷低減実施活動を拡大するための施策も専ら農業者の投資促進支援にとどまり、EUの共通農業政策にみるような直接支払制度の環境要件強化を通じた強い誘導措置は用意されていない。最低でも環境負荷低減実施活動に伴う掛かり増し経費や減収分に対する補償支払いの実施は不可欠ではないか。その延長線上に直接支払制度を展望したいところだが、現時点では全くの未知数である。

残念ながら新しい基本法における柱となる政策構想は登場していないということである。制度改正だけでできることは限られている。

最後になるが、農業政策の政策執行という点では大きな変化があった。人・農地プランの地域計画としての法定化であり、農地バンクから市町村への大幅な権限移譲である。これによって現場の裁量性が大きく高まったが、それを実のある運動にまで育てられるかどうか不安が残る。また、幾つもの計画策定が市町村に課せられることになり、政策執行体制は今以上に問題を抱えている。こうした仕組みを見直さないと、たとえ優れた政策を中央で立案したとしても、実施過程において問題が生じてしまう[15)]。国と地方自治体との関係も基本法見直しの論点となるべきだと考える。

注

1）集落営農は大きな転換期を迎えている。「最後の頼みの綱の集落営農法人」の危機的状況に対して大分県では、「営農の継続に加え、集落機能の維持を担ってきた集落営農法人の機能は、単純に個人法人や個人農業者に転換することは困難であることから、集落営農法人の担ってきた機能を維持しつつ持続可能な経営体へのモデルチェンジが必要」であり、「構成員の年齢を考えても、今があり方を見直す最後のチャンス」として、「地域の農地維持と法人の経営安定については、まずは経営を重視し、経営の中で農地を守っていくべき」という方針を打ち出したとのことである。

2）「限界地域の高借地率現象」（野田（1985））と同様の状況が平坦水田地帯でも拡大しているということである。

3）樹園地の流動化の特徴と問題点については、桂（2002）が詳しい。

4）今井（2022）は、集落営農については世代交代が進んでおらず、2015年度の集落営農活動実態調査でも「後継者となる人材の確保が課題」とする回答が59％で最も多くなっており、後継者確保が解決すべき課題であるとの認識から、島根県内の事例を紹介するとともに普及指導員の支援のあり方について論じている。

5）佐賀県の大規模な集落営農については、品川（2022）の第6章「カントリー・エレベーター単位による広域合併法人―佐賀―」を参照されたい。

6）2021年春の時点で、自民党農地政策検討委員会（林芳正農地政策検討委員長）において、「人口減少に対応した農地等関連施策の見直しについて協議」が集中的に開催されたが、その際、経営局長と農村振興局長が常に同席していた点が注目される。

7）ここまでくると都道府県単位に農地中間管理機構を設置したことの意味をどう考えればよいかが問われることになるように思う。最初から市町村単位に農地中間管理機構に当たるものを設置するか、あるいは農用地利用集積円滑化団体を強化すればよかったということになるかもしれない。農地中間管理機構の問題点については、安藤（2017）を参照されたい。そこでは「担い手への農地集積は現場に任せ、制度的な矛盾を表面化させないよう効率的な事務処理に機構は徹するしかない」と記したが、そのような方向に制度改正が行われたと捉えてもよいかもしれない。

8）「人・農地プラン」と地域営農ビジョンの策定・実践については、田村（2013）を参照されたい。

9）「一方における、経営規模拡大のための農地流動化という国策を遂行する、複数の契約を束ねただけの利用権設定等促進事業と、他方における、賃貸借の促進という特定課題に直結しない、農家が地域農業を自ら設計する本来的意味での農地の自主管理の促進を目的とする利用改善事業が併存し、前者は後者から切り離され、かつ実務の上では前者が主要な課題として位置づけられている。その意味で、農地の自主管理が制度的に徹底したということはできないし、また残念ながら実際上も自主管理が一般的な広がりを見せているわけでもない」（楜澤（2016）、p.82）というのが現状である。

この点は梶井（1986）も早くから指摘している。農用地利用改善団体は「いわば“むらの論理”を駆使できる地縁集団が法制度の上にはじめて登場した」ことを意味しており、「利用改善事業が法のなかに入ったことで、農用地利用増進法は“農民の自主的管理組織”の法的表現になったと評価してよい」とする一方、実際には「改善事業が中心でなければならない」にもかかわらず、利用権設定促進が中心となり「農用地利用増進法を、単なる“賃借権設定簡便法にしてしまっている」としていた。そして、「流動化実績を求める行政要求が利用権設定率をあげることに町村を奔命」させ、「利用改善団体の歩みが遅々としている」状況を生み出していると批判していた（pp.234-238参照）。

10）稲垣（2022）、pp.21-23。

11）有機農業に新たに取り組む農業者の受入れ・定着に向けて、栽培技術の指導等の活動を実施する農業者団体に対し、活動によって増加した新規取組面積に応じて10aあたり4,000円を支援する措置などが令和４年度拡充事項として設けられた。

12）作目別の環境保全型直接支払実施面積をみると水稲が圧倒的に多く、農業経営組織別にみた環境保全型農業への取組割合をみても稲作単一経営が４割以上、有機農業作付面積に占める作目別割合でも稲作が５割を超えており、稲作が鍵を握っている。安藤（2022）を参照されたい。

13）野菜くらぶについては、澤浦（2010）を参照のこと。また、島根県浜田市の佐々木農場グループも有機農業に取り組む新規就農者を受け入れて独立させ、いわみ地方有機野菜の会のメンバーとするとともに、会員のために農産物を販売する会社（ぐり～んは～と）を設立して生産者を支えている。佐々木農場グループについては、毎日新聞社（2011）のpp.52-57を参照されたい。

14）政策実施体制が限界に来ていることは農業政策に限ったことではない。「権限移譲をせず地方公務員の人的資源にフリーライドする形の政策実施は、地方自治体側がさらなる地方分権改革の要求を強める可能性がある。そして、地方自治体へ事務を移管するのであれば、事務負担に見合う財源の移譲がセットで求められることになる。独立行政法人等へ移管するのであれば、効率性を損なわない形でそれを実行しなければならない。民間やNPOへの外注や委託となれば必然的に国家の関与を減らすことになるのではないか。つまり、国家の関与を一定程度確保し、新たに生じる政策の実施を効率性の観点から他の政策実施主体に委ねることは最大動員システムの疲労を限界まで高める。そのため、研究上の課題として、最大動員システムの持続可能性を考え、新たな政策実施のスタイルを構想することが求められる」（本田（2022）、pp.72-73）というのが実情のようだ。この分析の対象に農林水産省の官僚は入っていないが、他の省庁も同様の状況にある。そして、新たな政策実施のスタイルは構想されないまま、農業政策はもちろん、全ての政策領域で市町村の負担は高まっているのである。

15）中山間地域等直接支払制度は農村振興局の管轄だったため都道府県段階では主として土地改良事業担当部署が担い、団地設定の厳密性が求められたこともあり、集落協定は小規模なものとなる傾向にあった。当初は可能な限り大きな集落協定を締結し、多くの交付金を獲得して共同取組活動を充実させ、地域振興に取り組むことが企図されていたが、残念ながら後景に退いてしまったのである（安藤（2019））。同じ予算を流すにしてもどこを通じて行うか、地方自治体の各部署はどのような行動するかを十分に考慮して政策を検討する必要がある。その場合、他の政策との関係性も視野に入れなければならないことは言うまでもない。中山間地域等直接支払制度の狙いと特徴については小田切（2001）を参照されたい。

引用・参考文献

安藤光義（2017）「農政改革がもたらす農村の変容と対抗―農地中間管理事業を対象に―」『住民と自治』2017年５月号、pp.6-10

安藤光義（2019）「農村政策の展開と現実―農村の変貌と今後―」『農業経済研究』91(2)、pp.164-180、https://doi.org/10.11472/nokei.91.164

安藤光義（2022）「みどり戦略と構造再編」『日本農業年報67　日本農政の基本方向をめぐる論争点』農林統計協会、pp.173-190

稲垣照哉（2022）「人・農地関連法」見直しの経過と施行に向けた課題(上)」『農政調査時報』第588号、pp.13-27

今井裕作（2022）「集落営農の転換期にどう対応するか―後継者確保を起点としたアプローチ―」『技術と普及』59(4)、pp.20-23

小田切徳美（2001）「直接支払制度の特徴と集落協定の実態」『21世紀の日本を考える』第14号、pp.4-25

梶井功（1986）『現代農政論』柏書房

桂明宏（2002）『果樹園流動化論』農林統計協会

椛澤能生（2016）『農地を守るとはどういうことか』農山漁村文化協会

澤浦彰治（2010）『小さく始めて農業で利益を出し続ける７つのルール』ダイヤモンド社

品川優（2022）『地域農業と協同―日韓比較―』筑波書房

田村政司（2013）「JA地域営農ビジョンと全国運動の課題と先駆的実践」『日本農業年報59動き出した「人・農地プラン」』農林統計協会、pp.25-41

野田公男（1985）『限界地域における高借地率現象―島根県邑智郡桜江町の事例―(東畑四郎記念研究奨励事業報告第４集)』農政調査委員会

本田哲也（2022）「政策実施と官僚の選好」北村亘編著『現代官僚制の解剖』有斐閣、pp.69-88

毎日新聞社（2011）『第60回（平成23年度）全国農業コンクール　プロ農業20代表』

〔2022年11月14日　記〕

第3章

スイスの食料安全保障関連政策

平澤　明彦

はじめに

新型コロナウイルス感染症のパンデミックによる世界的な物流の混乱や、ウクライナ紛争、化学肥料原料の調達難・高値や飼料価格の高騰、日本経済と日本農業の先行き不安、円安といった情勢から、国内外の食料安全保障に対する懸念が高まっている。それを受けて現在、食料安全保障の確保を主な論点として食料・農業・農村基本法の見直しが検討されている。そうした中で本稿では、日本の参考になる海外の事例としてスイスを紹介することになった。

スイスは先進国のうちで日本に諸条件が比較的近く、かつ食料安全保障に関する政策が充実している。山国であり耕地が少なく、農業の価格競争力は低い。熱量ベースの純食料自給率（飼料の輸入分を差し引いている）は50%程度であり、日本より10ポイントほど高いものの自国の食料供給の半分を輸入に依存している。また、経済運営は自由主義的であり、永世中立国として武装を前提としつつ平和を追求している点も日本と似通った面がある。なお、移民の流入により人口の増加が続いている点は日本と大きく異なる。

スイスにおける食料安全保障関連の政策は一つのまとまった体系ではなく、おもに２つの異なる政策領域に分かれている。１つは「国家経済供給」と称する不測時の物資およびサービス供給に関する政策であり、そこには備蓄を中心とした食料確保策が含まれている。この制度は第二次大戦以来長年にわたって維持されており、日本でも紹介されている[1)]。いま１つは農業政策であり、こちらも長期にわたり、食料確保の観点から国内農業生産を拡大した。

1996年には国民への食料供給の保障が農業政策の第一の目的として明定され、2013年にはそのための施策が強化された（平澤 2007, 2019a）。

また、これら２つの政策領域にまたがって農業の生産基盤である農地（とりわけ輪作地）の維持が図られている。さらに、2017年には連邦憲法に食料安全保障条項が加わり、これまでの政策領域を超えたフードシステムおよび関連分野全体に関わる規定が設けられた。

筆者は『日本農業年報65』ではスイスの農業政策における食料安全保障対応について1990年代以降の主要な動きを３つ取り上げ、国民合意の形成過程を調べた（平澤 2019b）。それに対して本稿では、国家経済供給制度を含め、食料安全保障にかかる政策の全体像と長期的な変化の方向性を示したい。また、最近の異常気象やウクライナ紛争を受けた対応にも言及する。

１．第二次世界大戦以前

（1）永世中立の由来

スイスの中立は長い歴史を有している。かつて15世紀後半以降、スイスは欧州各地に傭兵を派遣していた[2)]。それによって穀物輸入の資金を確保し、また相手国からスイスへの穀物輸出の保証を得ていたという。つまり、当時から農業生産力が不足し、食料安全保障の確保が大きな課題であったといえよう。1515年（マリニャーノの戦い）以後は、領土の拡張をやめて傭兵の輸出に専念し、30年戦争では中立を選択した。傭兵制は諸国から中立の保証を得て国土の安全を確保する役割を果たした。やがて1674年に武装中立を宣言し、1815年のウィーン議定書で国際的に永世中立国として認められた。

1848年に成立した現在のスイス連邦も中立を維持しており、二つの世界大戦にも参戦しなかった。戦後は中立のため国連に加盟しなかったが、冷戦の終了後はより柔軟な姿勢に転換し、2002年に国連加盟を果たした。また、もし仮に今後EUに加盟したとしても、北大西洋条約機構（NATO）のような軍事同盟ではないため、相互の軍事援助を義務付けない限り中立に支障はないという[3)]。

（2）二つの世界大戦における政策の形成

スイス連邦は1848年の成立以来、自由主義的な経済政策をとり、民間企業を優遇して関税を低く抑えていた。自由貿易と鉄道によって、国内が不作になっても、食料の供給は保証されると考えられていた[4)]。

しかし、普仏戦争（1870-1871年）の際には、自由貿易協定が停止され、交戦国は相手国に対する輸出を禁止した。スイスは穀物をそれぞれの敵国に渡さないことを保証する措置を導入して独仏からの輸入を実現した。また、スイスへの輸送路であるライン川両岸の鉄道路線周辺は戦場となり、輸送が不安的化した。その後1891年には、戦時中に民間向けの供給を行うため、軍が国家穀物倉庫を設置した。

第一次世界大戦前には、戦時の供給を確保するため、対外的にはフランスおよびドイツと協定を結ぶ一方、国内では1914年（開戦の年）に穀物供給を監督する部局を設置し、1915年には穀物独占を導入してすべての穀物の買い取りを保証した。しかし国内の不作や交戦国間の制裁により、1916年以降は食料の供給に問題が生じた。家計の稼ぎ手である労働者の招集は貧富の格差を拡大させ、食品の値上がりと相まって低所得家庭の食料事情を悪化させた結果、1916年と翌17年は飢饉となった[5)]。社会不安は高まり、1918年の全国ストライキと軍隊による鎮圧に至る危機を招来した。

こうした情勢の中で連邦政府は労働者側の主張を取り入れつつ、物価政策、食料配給、大規模な補助金を伴う農業生産振興など統制色の強い介入を行うようになった。続いて第２次世界大戦中の戦時経済体制によって、民間企業の備蓄義務や官民兼職制が導入され、現存する国家供給制度の基礎が形作られた。

このようにして二つの世界大戦は、国内農業振興と国家経済供給制度をもたらしたのである。畜産と酪農に集中していたスイス農業は、穀物と野菜の増産へと向かった。戦争に備えた経済供給体制は戦後も維持された。

2．戦後の農業政策における食料安全保障

（1）農業保護による増産

スイスは戦後も農業保護政策を継続し、1966年に加盟したGATTでは中立政策を背景に（樋口 2006：p.81）農産物の輸入自由化義務を免除された。主な政策手段は、買取保証、価格助成、輸入制限、輸出補助金であり（平澤 2007)、食料安全保障と農業者の支援を目指す政策体系であった。戦後の単収向上も寄与して国内の農業生産は大幅に拡大した。数十年にわたる取り組みの結果、パン用穀物の自給率は1920年代後半の25％から1990年代には最高138％へと数倍に高まり、飼料用穀物の自給率も1970年代はじめに25％であったものが2000年代には最高で77％にまで達した（**図3-1**）。

図3-1　スイスの穀物自給率推移（2019年まで）

出所：スイス農業報告のデータにより作成。

（2）農政改革を反映した憲法農業条項

しかし、やがてこうした増産は反転した。1993年から、市場指向と環境保全を重点とする農政改革が始まり、農産物の価格と流通を自由化し、国境保護措置を引き下げたのである。環境対策など農業による多面的機能の供給を条件とする大規模な直接支払いを導入したものの、農業の収益性は低下して

離農が促進された。その背景は、GATT-UR交渉で輸入自由化など農業保護の削減を要求されたことや、EC（当時）への加盟見通し、生産過剰に加えて、ECの拡大と冷戦終結によって欧州における安全保障リスクが縮小したことであった。穀物自給率はパン用穀物で80％程度、飼料用穀物で50％台まで低下し、近年は比較的安定している。農業財政は直接支払いの本格導入によって拡大し、大部分を直接支払いが占めるようになっていった。

農政改革の方向に沿って1996年には連邦憲法に独立した農業条項（現第104条）が追加され[6)]、農業政策の目的と施策が規定された[7)]。

新たに定められた農業政策の目的（同条第１項）は、農業の多面的機能すなわち国民への（食料）供給の保障、自然資源の保全と農業景観の維持、国土の人口分散の３つである。供給の保障は食料安全保障を表すものと理解されている。これら３つの目的は、1992年の政策文書（第７次農業報告）が新たな時代の農業に期待される責務として整理したものに基づいている。また、農業生産は持続可能かつ市場指向であるべきことも定められている。

それまで農業への介入は経済自由の原則に対する例外の一つとして位置づけられ（旧連邦憲法第31bis条第３項(b)）、農政の目的は農家の維持・農業生産の確保・農場の統合に限られていた。また、パン用穀物については別途、国内生産の奨励・備蓄・国内生産業の維持を定めていた（同第23bis条）。総じて食料の確保と農業保護が目指されていたと言えよう。

新旧の規定を比べると、目的の第一に挙げられた供給の保障は従来の路線を継承している一方、新たな要素として農政の目的の多様化と環境・市場・条件不利地への配慮が加わった。

農業施策の枠組みは、農業者に対する支援（現連邦憲法第104条第２項）と農業の多面的機能に対する支援（同条第３項）に分かれている。ただし、環境保全への貢献を目指す国民発議を反映して、具体的な施策は全て多面的機能に対する支援の下に置かれており、また第一の施策である直接支払い（農業所得の補完）には、環境保全要件が課されている。

こうした環境への配慮が国民の支持を集めたため、憲法の農業条項案は国民投票で77.6％の賛成票を得た。その結果として、食料安全保障すなわち供給の保障が農政の第一の目的に定められたのである。

（3）農地の維持を目指す直接支払い

やがて穀物（とくに飼料穀物）の作付面積や自然草地・放牧地が縮小し、国内農業生産力に対する懸念が生じた。そして2007～08年以降、米国のバイオ燃料振興や、中国等新興国の経済成長を受けた輸入の増加によって穀物の国際需給が引締まり傾向に転じ、高値が続くようになると、食料安全保障への関心が高まった[8)]。

こうした情勢の下、「農業政策2014-2017年」は直接支払制度を再編し、農地の維持をめざす面積支払いである「供給保障支払」と「農業景観支払」を導入した。また、国内農業生産の維持に貢献する一連の新たな政策概念（食料主権、品質戦略、持続可能な消費）が導入された。農業法の各種施策は食料主権に則ることとなった。ここでいう食料主権とは、自ら農業・食料の政策を定め、食料の生産方法を決める権利と、自らの土地で生産された食料を供給される権利である（Conseil fédéral 2012: p.1943）。

先行する「農業政策2011」（実施期間2008～2011年）で穀物と飼料の国境保護を引き下げた結果、それらの輸入が拡大して国内生産が減少していた。しかも輸入飼料穀物の値下がりは、畜産向けの直接支払制度が主に頭数支払いであったことと相まって牛の増頭と生産の集約化を促した。これにより牛乳の生産過剰が悪化し、また、丘陵・山岳地帯では放牧草地の利用が低下して草地の縮小と、景観の劣化、環境汚染が生じ、事態の改善が求められた。

農業政策2014-2017によって、各種の直接支払制度は農業政策の目的である多面的機能に直接的に結びついたものに転換された。家畜の頭数支払いと農地の一般面積支払いによる所得支持は廃止され、上述の供給保障支払には直接支払予算の約３分の１、同じく農業景観支払には約６分の１が配分された。２つの制度は合わせて直接支払いの半分強を占める主要な補助金となった。供給保障支払は名前のとおり、農業政策の第一の目的である国民への供給の保障を確保するため、最低限の農業生産を条件にすべての農地（下記山岳放牧地を除く）に支払われる。農業景観支払は草地利用の維持と森林化の防止を目的としている。いずれの制度も農地と当該農地における農業生産を維持するための施策と言える。

２つの制度は、既往の農政改革で縮小傾向となった平原地帯の畑作と、丘陵・山岳地帯の草地利用を促進するよう設計されている。まず、供給保障支払いは全地帯共通の「基礎支払」に加えて、平原地帯が大部分を占める畑地利用には「畑作地・永年作物支払」が上乗せして支払われる。

次に、丘陵・山岳地帯の農地には、基礎支払に「生産条件不利支払」が上乗せされ、さらに農業景観支払のうち「解放景観維持支払」が支払われる。いずれも条件不利の程度に応じて面積単価が設定されている。そのほかに農業景観支払は２系統ある。一つは個々の農場の中で斜度の大きな農地に対して追加で支払われる「傾斜地支払」や「急傾斜地支払」であり、面積単価は特に高い。いま一つは通常の農地とは異なる夏季山岳放牧向けの特別な助成（高山放牧地支払と夏季山岳放牧支払）である。

それに加えて、通常の直接支払制度とは別に市場施策の枠組みで、チーズ原料乳の助成と、主要畑作物に対する「特定作物支払」がある。前者は丘陵・山岳地帯、後者は平原地帯が主な交付対象となる。

他方、環境や動物福祉、多様な景観などに対する他の各種直接支払いは拡充され、上述の施策とともに全体として農業経営ひいては農地と農業生産を支えている。スイスの人口は移民の流入により過去20年間に２割増加したが、国内の農業生産拡大により食料自給率は比較的安定している。農地は減少傾向にあるため、単収の向上によって増産を実現している。

３．国家経済供給制度

（１）短期から中期の不足に対応する仕組み

スイスは緊急時における物資とサービスの供給を定めた「国家経済供給」

図3-2　深刻な不足への対応と食料分野の介入策

予防段階		介入段階	食料分野の介入策
・供給プロセスの強靭性を強化 ・個人の責任を強化 ・深刻な不足に備えた適切な準備	→（民間企業だけでは対応できない深刻な不足）	レベルA： 小規模な供給不足の解消	不足が短期（３か月以下）の場合、備蓄の放出、輸出促進、輸出制限により不足を解消
		レベルB： ある種の供給制限	不足が続きそうな場合（１年間以内）、公平かつ期間中に平準化された分配を行うため、販売制限などにより消費を抑制
		レベルC： 低水準の供給	不足が続きそうな場合（１年間以上）生産の転換や配給により最低限のカロリー摂取量を確保）

出所：FONES（2021）掲載の図を元に、OFAE（2019）、Ferjani *et. al*（2015-2020: p.5, 2018: p.2118）を参照して食料分野の介入策を加筆した。

制度を有している。この政策は短期および中期の食料安全保障に対応している。深刻な不足への対応の概要を**図3-2**に示した。緊急時の介入は、不足の継続期間の長さに応じてAからCの３段階に分かれ、食料分野の介入策もそれに沿って準備されている。まず短期的な不足の場合（レベルA）、備蓄の放出と輸入促進、輸出制限によって不足の解消が図られる。不足の継続（１年間以内）が見込まれる場合（レベルB）、販売制限などにより消費をある程度抑制し、分配を公平にするとともに、不足期間中に徐々に消費が進むようにする。不足が１年間以上にわたり継続すると見込まれる場合（レベルC）は、供給をさらに抑制し、生産の転換や食品の配給によって最低限の摂取熱量を公平に確保する。

生産転換の計画を立てる際には、緊急時における食料確保のための意思決定支援システム「DSS-ESSA」[9)]を用いて農業生産と食料供給を最適化するシミュレーションを行う。生産転換の内容は、熱量供給を拡大するための作目の変更、飼料の削減と畜産の縮小（おもに豚と鶏）などである。生産転換には１年間程度の準備を要し、また通常は３年間程度継続することを想定して計算を行っている。

（２）国家経済供給法

法制上、国家経済供給制度の基礎は憲法に定められている。連邦憲法第

102条（国家供給）は、戦争の脅威や経済が自力で克服できない深刻な不足が生じた場合、必要な物資とサービスの供給を連合が確保すること、および予防的措置を講じることを定めている（同条第１項)。また、必要に応じて経済的自由の原則を逸脱することができる（同条第２項)。

そのための措置を定めたのが国家経済供給法（2016年制定）である[10)]。原則として国の経済供給は民間経済部門の責任であり（同法第３条第１項)、深刻な不足の際に民間部門が供給を保証できない場合、連邦および必要に応じて州が必要な措置を講じる（同条第２項)。対象となる重要物資（第４条第２項）は、エネルギー源とそれに必要な手段、食品・飼料・医薬品・種苗、その他日常生活の必需品、農業・工業等の原材料と補助剤であり、重要サービス（第４条第３項）は、運輸、情報通信、エネルギーの伝送と分配、決済、在庫・備蓄である。

国家経済供給法は、各種の介入策や、平時の備えである備蓄、国内資源の確保、行政組織などについて定めている。

重要物資やサービスの深刻な不足あるいはそれが差し迫った場合、一時的な経済介入措置を取ることができる（第31条、第32条)。様々な規制が可能であり、物資について認められている分野は、調達・流通・使用・消費、供給制限、生産の転換と適応、原材料の利用・回収・リサイクル、在庫の拡大、備蓄の放出、義務的供給、輸入拡大、輸出制限である（第31条)。また、物資とサービスの価格統制や、利幅を制限することも可能である（第33条)。

備蓄は国家経済供給制度の中で重要な位置を占めている。重要物資を輸入・製造・加工ないしスイスで最初に販売する者は連邦政府と協定を締結し、所定の「義務的備蓄」を持たねばならない（第７条、第８条、第11条)。この義務的備蓄は当該業者が所有する（第12条)。

義務的備蓄には優遇措置が提供されている。通常の措置は、備蓄に要する資金の調達にかかる銀行への保証（第20条）と、課税評価額の減額（最大50％）（第22条）である。それ以外に、保証基金（後述）の資金が不足して賄えない場合は国が負担する（第21条第２項)。また、民間の保険で対応困難な場合、国が保険および再保険を提供できる（第36条）。

民間経済部門は義務的備蓄の保管費用を賄い、価格変動を補償するために、保証基金を設立できる（第16条）。この基金を管理する民間団体（義務的備蓄組織）は備蓄に関する業務を受託することが可能である（第60条第１項、第２項）。農業関連の団体としては、穀物・食品・肥料部門のレゼルヴェスイス（reséreve suisse）と、肥料部門のAgriculaが設立されている（OFAE 2019：p.10）。レゼルヴェスイスは協同組合であり、義務的備蓄の対象となっている食料の輸入免許発行を担っている[11]。

なお、義務的備蓄の適用対象業者には例外が設けられており、農業者や零細な食品・飼料・種苗企業が該当すると考えられる。すなわち供給の保障への貢献度が低い企業は義務的備蓄協定の締結を免除できる（第８条第３項）[12]。実際に2020年初頭の時点で義務的備蓄を保有するのは約300社に過ぎなかった（FONES 2021：p.6）。また、義務的備蓄を持たない企業も保証基金への負担金拠出を要求されるのであるが、国内で生産された食料・飼料・種苗は、当該負担金を免除される（第16条第４項）。

食料関連の義務的備蓄を**表3-1**に示した。食用穀物と油脂は４か月分、食料・飼料兼用の小麦と砂糖は３か月分、飼料は２か月分である[13]。食用穀物のうち、米にはグルテンが含まれないためアレルギー対策としての重要度が増している（OFAE 2019：p.11）。また、農業資材は窒素肥料が１作期に必要な量の３分の１、そして動物用の抗感染症薬が２か月分ある。なお、それ以外に、食品や医薬品の包装資材となるプラスチックが補完的な義務的備

表 3-1　義務的備蓄の量（食料関連）

品目	備蓄量
米、油脂、軟質小麦（食用）、デュラム小麦（食用）	4か月分
砂糖、コーヒー、軟質小麦（食用・飼料兼用）	3か月分
飼料穀物、（油糧）蛋白作物	2か月分
窒素肥料	1作期分の3分の1
動物用の抗感染症薬	2か月分
ポリエチレンと添加物、ポリスチレン	未詳

出所：国民経済供給庁 Web サイト（2022 年 10 月 23 日アクセス）

蓄に含まれている。

また、政府は国民に家計用備蓄を奨励しており、政府の介入措置による物資の割当ては自家用備蓄を理由に減らされることはない[14)]。国家経済供給局は、道路の閉鎖など物流システムに問題が生じた場合は物資の供給が数日間途絶する可能性があるとして、１週間分の食料などを備蓄するよう勧めている[15)]。

国家経済供給制度を担う組織は、兼職制が特色である。組織の長は民間から任命された国家経済供給代表（１名）であり（第58条）、経済団体及び企業との橋渡し[16)]も担っている。近年の実績では、重要物資ないしサービスを取扱う大手企業の役員が任命されている。この国家経済供給代表は、非常勤で二つの組織を統括する（第58条）。一方は国家経済供給法の実施に責任を負う複数の国家経済供給「部門」であり、民間と政府の専門家[17)]が非常勤で参加する。各部門長は民間の者である（FONES 2021：p.51）。他方の組織は常勤の職員からなる国家経済供給庁であり、これらの部門の支援と調整を行う。

民間部門が義務的備蓄を持つ制度は、第二次世界大戦へ向けた準備の中で作られた（Cottier 2014）が、その後は供給不足の理由を限定せず（樋口 2017：p.61）、また民間部門の役割を拡大する方向で変化してきた。1955年の国家経済防衛準備法は戦時における必要物資の供給を確保するための法律であったが、それに代わる1982年の国家経済供給法では、軍事色が薄れて民間経済を支援する性格が強まった。深刻な不足の理由として想定される事態は、戦争準備だけでなく一般的な供給不足を含むようになり（同法第１条）、組織全体を統括する国家経済供給代表は民間部門の者が任命されるようになった（第53条）。さらに2016年の現行法では、軍事的な要因への言及が殆どなくなり、また経済供給の責任が民間部門にある（同法第３条第１項）ことが謳われたほか、国家経済供給代表は非常勤であることが明記された（第58条）。

欧州における戦争の可能性が低下したことを受けて、国家経済供給の態勢は縮小してきた。食料備蓄はかつて12か月分保有されていたが、上記のとおり現在は４か月分に削減された。連邦経済供給庁の人員も大幅に縮小した。

（3）輪作地面積の維持

2016年の現行国家経済供給法は、農地の確保に関する規定を導入し、計画的な措置により、深刻な不足時に十分な供給基盤を確保できるよう、十分かつ適切な農地、とくに輪作地を維持するよう定めた（同法第30条）。しかし、長期的・構造的な手段を講じることは国家経済供給制度の役割ではない（FONES 2021：p.6）。代わりに輪作地の維持を担っているのは空間計画法[18]とその関連制度である。

空間計画法（1979年）は、諸条件を調整して都市的な土地の利用を最小限にとどめ、建築可能な区域とそうでない区域を区分することを目的としている（同法第１条）。計画の原則においては田園の保全が必要とされ、その第一に挙げられているのは十分な農地、とくに輪作地の確保である（第３条）。土地利用計画においては建築・農業・保護の３区域を区分する（第15条）。農地は食料供給、景観、保養、生態系などに果たす役割があるため、建築をできる限り抑制する（第16条）。

輪作地の確保手段は空間計画令（2020年）が定めている（以下、空間計画法の条番号には「法」、空間計画令のそれには「令」を付して区別する）。空間計画の基本計画は連邦の支援を受けて各州が作成する（令第９条）。一方で連邦政府は、地域や環境に大きな影響を与える活動について必要に応じて「部門別計画」を策定し調整を行う（法第13条、令第14条）。部門別計画は連邦政府の特別措置であり、州を拘束する（令第23条）。

輪作地については、（外国からの）供給が途絶えた場合に適切な供給基盤を確保するため、最低限の維持すべき面積を定める（令第26条第３項）。輪作地は高収量が見込める最優良農地であり（ARE 2020b：p.7, 2020a：p.10）、おもに畑と、輪作中の人口草地、そして耕作可能な自然草地からなる（令第26条第１項）。各州は基本計画を策定する際に輪作地を調査し、基礎自治体毎に位置や面積、質を特定しなければならない（令第28条）。連邦政府の「輪作地部門別計画」では、輪作地の最低限度面積と、州ごとの配分を定めている（令第29条）。州は輪作地を農業区域に指定し、州に割り当てられた最低限度面積を維持し、位置・面積・質の変化を少なくとも4年ごとに連邦空間開発局に報告する（令第29条）。

現行の輪作地部門別計画（ARE 2020a：p.10）によれば、輪作地の最低限度面積は43.8万ヘクタール強である。この面積は1992年に最初に策定された輪作地部門別計画とほぼ同水準である。その根拠となったのは、1988年に発表されたスイスの食料計画（PA90）である。PA90では輸入が途絶えた場合に一日一人当たり2300キロカロリー分の食料を自給するには、45万ヘクタールの農地が必要であるとされていた（ARE 2020a：p.5）。この「PA90」は、DSS-ESSAの前に使われていた計画モデルの名称でもある（Ferjani, et. al 2015-2020：p.5）。2020年に輪作地部門別計画を更新するのに先立ち、DSS-ESSAを用いて計算した結果、最低限度面積の輪作地によって2340キロカロリーの供給が可能との結果が示された（同：p.4）。

4．憲法の食料安保条項導入

2017年に追加された憲法の食料安全保障条項（第104a条）は、連邦が促進すべき事項を5つ定めており（**表3-2**）、その第一は農地など農業生産基盤の保全である[19)]。その元となったのは、農業団体が国内農業生産の維持を

表3-2　連邦憲法の食料安全保障条項

104a条　食料安全保障 国民への食料供給を確保するため、連邦は持続可能性を支援し以下の事項を促進するための条件を整備する。
a. 農業生産基盤、とりわけ農地の保全 b. 地域の条件に適合し、自然資源を効率的に用いる食料生産 c. 市場の要求を満たす農業および農産食品部門 d. 農業と農産食品部門の持続可能な発展に資する国際貿易 e. 自然資源の保全に資する食料の利用

目指して提出した国民発議であった。議会が作成した対案は、農業・食品の生産から流通・消費にまで対象を広げ、かつ貿易・環境・市場に配慮した内容となり、国民投票で78.7％という圧倒的な賛成を得た。

この条項の意義は、食料安全保障に関わる要素を広く網羅し、調整の必要な関連分野間の関係と全体の方向感が明記されたことであろう。農地など生産基盤を保全するとともに、市場の要求を尊重する必要があり、また国内農業・食品生産・国際貿易・食料利用にはいずれも環境保全や持続可能性の観点から制約を課そうとしている。これらはスイスが目指す食料安全保障の方向性を指し示していると言えよう。

他方、この条項は憲法の中で関連する他の条項を補い、各種政策の裏付けとなる。農業条項（第104条）は農業だけを扱っているのに対して、この食料安全保障条項はフードシステム全体を対象としている。また、短期から中期の供給不足を対象とする国民経済供給（第102条）とは性格が異なり、長期的な食料供給能力の維持を目指している。そして農地の保全は国民経済供給（第102条）および土地利用計画を扱う空間計画（第75条）のいずれの条項もこれまで明示していなかった（CER-E 2016: p.11を参照）。

農地の確保対策は、農業政策が農地における食料生産を維持する一方、空間計画が輪作地の転用を防止している。憲法の食料安全保障条項における、農地など生産基盤の維持の規定は、この両方に関わっている（**図3-3**）。

また、食料安全保障ないし食料生産力と環境保全の両立は重要な課題であり、わが国でも認識されている[20)]ところである。スイスでは2014年における供給保障支払と農業景観支払の導入に先立ち、「スイス生物多様性戦略」（Swiss Confederation, 2012: p.37）が、農業分野で生物多様性を維持向上する上で、持続可能な食料生産を国民の食料安全保障に貢献させることが課題であると指摘し、生物多様性と効率的な食料生産を調和させるため、各地の状況と生産能力を考慮に入れて協調した行動が必要であると述べた。同文書はまた、農業政策2014-2017では生物多様性促進用地を強化するとともに、農業生産の強化と農業所得の改善を目指す方向であることを示した（同前：

図3-3　長期的な食料安全保障の施策（農地の確保）

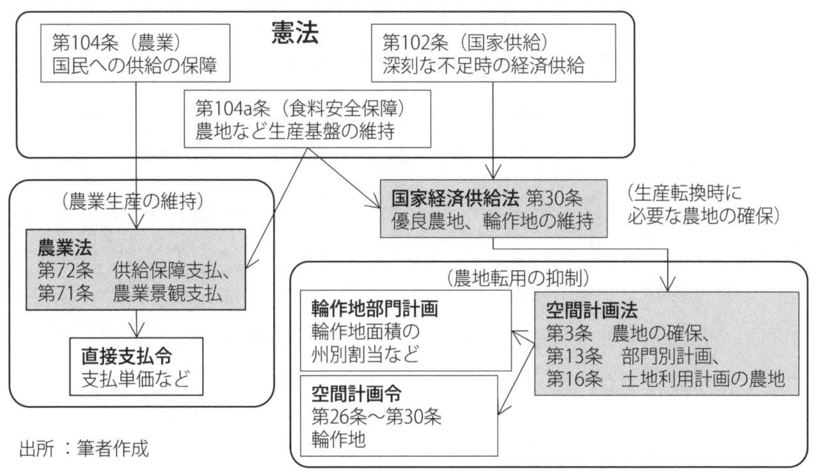

出所：筆者作成

p.49）。

最近では、「2030年持続可能発展戦略」（Swiss Federal Council, 2021: p.19）が、環境親和化などの持続可能性の確保は長期的な食料安全保障に貢献することを強調している。すなわち、国民の長期的な食料安全保障と幸福には、社会的にも環境的にも優しい方法で生産された健全で手頃な食料が必要であり、持続可能で強靭なフードシステムは短期的なショックや長期的な環境劣化による悪影響を軽減できる[21)]。また、フードシステムの強靭性を向上する施策として、投資、農業者の社会的・経済的状況の強化、多様で地域に適合した資源効率の良い国内生産、研修を挙げている。さらに、食品廃棄の削減は環境への影響を減らすとともに食料安全保障にも寄与するとみなしている（同前：p.20）。

５．最近の動向

（１）次期中期農政と食料安全保障

議会は2020年に連邦参事会（内閣）に対して、食料自給率の維持など憲法の農業条項及び食料安全保障条項の目的をよりよく実現できる長期的展望を得るため、農業政策の将来方向に関する報告書を2022年までに提出するよう要求し[22]、その後「農業政策22+」（当初の実施予定期間2022～2025年）の審議を延期した。そのためこの中期政策の審議再開は早くても2023年春以降、実施は2025年となる見込み[23]であったが、2022年6月に報告書（Conseil fédéral 2022）が公表されたことを受けて同年12月に審議が再開された。同報告書は2050年に向けたビジョンとして「生産から消費までの持続可能な開発による食料安全保障」を掲げている。具体的な方策は2025年以降に検討し、2030年からはフードシステムを包括する政策の実施を目指す。環境対策と食料安全保障の確保を同時に実現することが大きな課題となっている。

（2）国家経済供給制度の稼働状況

異常気象、コロナ禍、ウクライナ紛争といった相次ぐ不測の事態を受けて、以下にみるとおり国家経済供給制度の発動機会が増えている[24]。そのため連邦経済供給局の人員は拡充が予定されており、また2023年春に提出が予定されている戦略備蓄報告書では、食料の義務的備蓄の拡大を提案する方向で検討がなされている。また、2022年4月から菜種種子の備蓄（1年分）が義務づけられた。

新型コロナウイルス感染症のパンデミックを受けて、連邦経済供給局は2020年4月時点で10月末までの食料供給への影響を分析した。輸入が50％減少し、労働力が20％停止した場合を想定しても供給不足には至らないとの結果であった。

ここ数年来、備蓄の放出が繰り返し発生している。スイスは内陸国であるためライン川の水運が需要な輸送手段となっているが、水位低下による輸送能力の低下が供給不足をもたらした。2018年には夏の初めから降水不足でライン川の水位が低下し、秋から冬にかけて貨物量が大幅に縮小したが、道路や鉄道では不足分を補うことができなかった。そのため翌年にかけての冬に、肥料・飼料・油脂・液体燃料について義務的備蓄の放出が許可された。その後水位が回復したため、実際の放出量は少なかった（OFAE 2019: p.10）。

2021年には12月初めから窒素肥料の義務的備蓄のうち20%まで放出を認め、2022年１月15日からからさらに枠を拡大した。同年５月17日時点では、備蓄の利用は一部にとどまっていたという。スイスは窒素肥料を全て輸入しており、不足の原因としては、①天然ガス価格の高騰による世界的なアンモニアの減産、②主要生産国の輸出規制、③物流や天候の問題による生産への悪影響、④ライン川の水位低下と、ドイツによる石炭輸送船の需要拡大が挙げられている。

食料以外についても供給不足ないしその懸念が生じているので、スイスの情勢を理解するため簡単に触れておく。医薬品に関しては近年、製薬企業の集中や病院の在庫削減などにより品不足が生じやすくなっている（OFAE 2019：p.38）。2020年にはパンデミックの中で抗生物質やマスクの備蓄を放出した。物流の混乱も加わって供給に支障をきたしているため、2022年３月15日からは経口オピオイド（鎮痛薬）の義務的在庫放出を認めている。エネルギーについては同年（以下省略）９月30日に危機対策本部の設置を決定した。天然ガスの供給はロシアから半分を輸入していたためひっ迫しており、近隣諸国で輸出が禁止されれば急激に悪化する可能性がある。15%の任意節約目標を発表し、天然ガスから石油への利用転換を推奨している。それでも供給が不足した場合に備えて、11月16日にはガスの使用禁止・制限と割当に関する命令の草案を公表した。一方、石油製品についてもライン川の輸送能力不足と、外国での鉄道輸送の物流上の困難があり、10月上旬に義務的備蓄の放出を許可した。

上述のとおり、ライン川の水位低下は繰返し生じており、今後の中長期的な傾向および気候変動との関係が気になるところである。

このように、2000年代後半から高まった食料安全保障強化の機運は、現実の緊急事態にあってさらに強まっており、今後は国家経済供給制度の再強化や、憲法の食料安全保障条項をさらに反映させた農業政策が検討される方向である。また、憲法の食料安全保障条項は国家経済供給や農業政策にとどまらない幅広い分野に言及しているため、食料安全保障関連政策は将来的に従来の枠を越えて広がっていく可能性があろう。

注

1）たとえば中村（1997）、樋口（2008, 2017, 2018）を参照。本稿はその後2019年以降に公表された各種の政策文書の内容を踏まえている。
2）以下、おもに森田（2000）による。州による傭兵の派遣は1874年の憲法改正により禁止された。国民の外国軍への参加は1927年に禁止した。
3）Swissinfo.ch（2017年12月27日付「スイスを成功へと導いた中立政策」）による。
4）以下、おもにCottier（2014）、Willisegger（2015）および平澤（2007）による。
5）Swissinfo.ch（2018年10月29日付「スイスが内戦状態に陥ったゼネストから今年で100年」）による。
6）スイスは州が主権を有する連邦国家であることや、直接民主主義の伝統を有していることから、国民投票による憲法改正が頻繁に行われている。
7）以下、平澤（2019b）を元に新たな整理を加えた。
8）以下、平澤（2013, 2019b）を元に新たな観点から整理した。
9）DSS-ESSA（Decision Support System of Food Security for Supply Control）とその計算結果についてはFerjani *et. al*（2015-2020, 2018）を参照。
10）国家経済供給法（RS 531）と、詳細規定を定めた国家経済供給令（RS 531.11、2017年制定）の条文については仏語版、英語版（非公式）と、樋口（2017, 2018）による日本語訳（独語版に基づく）を適宜参照した。
11）食料および飼料の義務的備蓄保有に関する命令（2017年。以下、食料備蓄令と呼ぶ）第７条で規定。
12）食料備蓄令は、附属書で締結免除のための限度数量を定めている。
13）対象品目は食料備蓄令第１条、量は食料及び飼料の義務的備蓄に関する連邦経済・教育・研究省令（2019年）第３条で規定。
14　）食料備蓄令第27条。
15）国家経済供給局Webサイト（https://www.bwl.admin.ch/bwl/fr/home/themen/notvorrat.html　最終更新日：2022年10月21日）
16）食料備蓄令第５条。
17）民間の専門家は約250人（FONES 2021：p.8）。
18）日本では独語版の訳語である「空間計画」が多く使用されているためそれに従った。仏語名（Laménagement du territoire）は国土計画あるいは土地利用計画とでも訳すべきと思われる。
19）農業労働力や担い手への言及はない。日本と異なり、スイスはEUと比べても若い農業者の割合が高い。

20）「みどりの食料システム戦略」は、農業の生産性向上と環境保全の両立を基本的な方針としている。

21）世界的な危機の際には短く多様なサプライチェーンが有利であることも指摘している。

22）連邦議会Webサイトによる

23）連邦農業局Webサイトによる

24）以下、おもに国民経済庁Webサイトによる。

引用文献

Commission de l'économie et des redevances du Conseil des Etats［CER-E］（2016）“Pour la sécurité alimentaire, Initiative populaire Contre-projet et prolongation du délai de traitement”, Rapport, 3 novembre.

Conseil fédéral（2022）Papport du Conseil fédéral en résponse aux postulats 20.3931 de la CER-E du 20 août 2020 et 21.3015 de la CER-N du 2 février 2021.

Conseil fédéral（2012）Message concernant l'évolution future de la politique agricole dans les années 2014 à 2017（Politique agricole 2014-2017）, 1er février.

Cottier, Maurice（2014）*Liberalismus oder Staatsintervention - Die Geschichte der Versorgungspolitik im Schweizer Bundesstaat*, NZZ Libro ein Imprint der Schwabe Verlagsgruppe AG.

Federal Office for National Economic Supply（FONES）（2021）“Report on National Economic Supply 2017-2020”

Ferjani, Ali, Albert Zimmermann, Stefan Mann, Ueli Haudenschild, Martina Mittelholzer, Peter Müller［2015-2020*］“Potentiel alimentaire des surfaces agricoles cultivées Analyse d'optimisation de la production alimentaire indigène suisse en cas de pénurie grave”, Office fédéral pour l'approvisionnement économique du pays（OFAE）.（＊）刊行年の記載なし。引用文献は最新が2015年刊行、Web掲載日付は2020年のため「2015-2020」とした。

Ferjani, Ali, Stefan Mann, Albert Zimmermann（2018）“An evaluation of Swiss agriculture's contribution to food security with decision support system for food security strategy”, *British Food Journal*, 120（9）, pp.2116-2128.

樋口修（2018）「スイスの食料及び飲料水の備蓄・供給制度―「2017年５月10日の経済に関する国の供給に関する命令」ほか―（資料）」『レファレンス』68（9）、pp.75-106、９月。

樋口修（2017）「スイスの新しい安定供給対策法（備蓄法）―2016年６月17日の経済に関する国の供給に関する連邦法―（資料）」『レファレンス』67（8）、pp.57-

83、8月。
樋口修（2008）「スイスの「経済に関する国の供給政策」と農政改革―備蓄政策を中心として―」『レファレンス』58（2）、pp.53-74、2月。
樋口修（2006）「スイス農政改革の新展開―『農業政策2011』政府草案を中心として―」『レファレンス』56（1）、pp.79-94、1月。
平澤明彦（2019a）「食料安全保障を重視するスイス農政」『農村と都市をむすぶ』69（3）、pp.47-57、3月。
平澤明彦（2019b）「スイスの食料安全保障と国民的合意の形成」『日本農業年報65』、pp.135-158、農林統計協会。
平澤明彦（2013）「スイス「農業政策2014-2017」の新たな方向：直接支払いの再編と2025年へ向けた長期戦略」『農林金融』66（7）、pp.43-62、7月。
平澤明彦（2007）「スイス農業政策の対外適応と国内調整--農政改革にかかる国民合意と96年の憲法改正」『農林金融』60（6）、pp.286-298、6月。
森田安一（2000）『物語　スイスの歴史―知恵ある孤高の小国』中央公論社。
中村光弘解題・編訳（1997）「スイスの食料安定確保戦略」『のびゆく農業』（872）-（873）、12月。
Office fédéral du développement territorial（ARE）（2020a）“Plan sectoriel des surfaces d’assolement”.
Office fédéral du développement territorial（ARE）（2020b）“Plan sectoriel des surfaces d’assolement - Rapport explicatif”.
Office fédéral pour l’approvisionnement économique du pays（OFAE）（2019）“Rapport 2019 sur le stockage stratégique”
Swiss Confederation（2012）“Swiss Biodiversity Strategy”，25 April.
Swiss Federal Council（2021）“2030 Sustainable Development Strategy”，June 23.
Willisegger, Jonas（2015）Book Review - Liberalismus oder Staatsintervention. Die Geschichte der Versorgungspolitik imSchweizer Bundesstaat, Cottier, Maurice, Zürich, Verlag Neue Zürcher Zeitung（2014）, *Swiss Political Science Review*, 21（3）, p.470-474.

〔2022年11月30日　記〕

第4章

飼料確保問題が焦点化する中国の食料安全保障

菅沼　圭輔

1．中国の食料安全保障戦略と飼料穀物の輸入急増

中国政府は2019年10月に『中国の食料安全』（以下2019年白書と略す）を公表した。この文書は中国の食料安全保障上の成果と課題、政府の方針を内外に示す白書として公表された。そこでは2012年に決められた「穀物の基本的自給と主食の絶対的安全（自給：筆者）を確保する」基本方針と、その実現のために、国内生産に基づく供給を主とし海外市場からの輸入を適切に行うという従来から言われていた「国内と海外の二つの市場と資源を活用する」戦略が示されている。白書では主食消費は漸減するが畜産用飼料や工業用加工の需要は堅調に増加するという需要予測が示されている。その上で、生産面では穀物生産を増やすことと農業のグリーン化や資源保全とのバランスを取る課題が示されている。また育成を進める主産地の市場シェアが高まっていくので、広域流通における市場変動への対処の課題があげられている。生産面の課題の解決については、高単収・高品質の穀物品種の開発・普及や適正規模経営の育成等の方策が示されている。輸入の面では「一帯一路」戦略や国際協力の強化と同時に、食料輸入のサプライ・チェーンを構築し、海外での農業開発を進めることにより安定供給を実現することが示されている。

ところが、2020年にトウモロコシの輸入量が1,124万ｔと関税割当量の720万ｔを初めて超え、翌2021年には小麦の輸入量が971万ｔと同じく関税割当量の963.6万ｔを超えるという穀物自給の方針を揺るがす事態が起きた。宋ら（2021, pp.60-61.）は、2018年と19年にアフリカ豚熱の流行の打撃を受け

た養豚業が回復期に入り飼料需要が増大したことでトウモロコシの不足が深刻になり、それが原因となって2021年以降にトウモロコシの価格が急騰し、代替飼料として小麦の輸入も増えたと分析している。

2021年秋に政府農業・農村部のウェッブサイトに主要経済紙である『経済日報』の記事が転載され、毎年大量の穀物輸入があることで一部に出ている関税割当量の緩和や２次関税率引き下げを求める意見に対して、「食糧の輸入関税は引き下げず、関税割当量を増やさないことが、国内生産の安定にとって重要である」と現状維持の必要性を訴えた上で、国内・海外の市場と資源を十分に利用して国内需要を満たす方針が再度強調された1)。

不足が叫ばれる一方で、主要穀物である水稲、小麦、トウモロコシの2021年の国内生産量は今世紀最高レベルに達し、トウモロコシは前年比で4.6％の増産となった。

それにもかかわらずトウモロコシ供給不足や輸入増加が問題になるのはなぜであろうか。本章では内外の動向分析の成果を各種統計データで裏付けながら、近年の穀物需給の実情をそれが引き起こされた原因と発生のプロセスを明らかにし、今後の中国の食料安全保障戦略の課題について検討する。

2．食料・農業政策の転換とトウモロコシ不足問題の焦点化

近年、トウモロコシ不足問題が焦点化してきた背景には、トウモロコシの需給バランスと市場を変化させた2015年の食料・農業政策の転換がある。

（1）農業のグリーン化政策の始動と価格支持政策の縮小

食料・農業政策の転換とは、2015年から始動した農業のグリーン化政策と価格支持政策の縮小を指している。

中国語では「農業緑色発展」と呼ばれる農業のグリーン化政策については本年報67号第11章の菅沼（2022, pp.157-172.）で紹介した。これは2019年白書でも触れている持続可能な農業発展に関わる政策である。それまでの増産

追求型の食料・農業政策から転換して、化学肥料や農薬の投入を抑制して農地への有機物の還元を進めること、山間・乾燥地域での過剰耕作や土壌劣化を防止するために休耕や輪作の導入により土地利用を改善すること、農業用水の過剰利用を抑制して節水灌漑を普及すること等の取り組みを進めて長期的視点から生産能力を強化する方向が目指されるようになったのである。同時に農業生産者に支払われていた種子や生産資材の購入等に対する補助金（2014年予算で1,400元あまり）とほぼ同額が耕地地力補助金として支出され、農業グリーン化に取り組む生産者に給付されることになった。

もう一つの価格支持政策の縮小とは次の二つを指している。一つ目は2004年以降、水稲と小麦の主産地で実施されていた最低買付価格政策の基準価格（最低買付価格）は2016年から引き下げられることになったことである。二つ目は2007年から開始されたトウモロコシの臨時買付保管政策が2015年を最後に廃止され生産者への直接補助に切り替えられたことである。

この政策転換によって、生産者の生産意欲を刺激する直接支払い補助制度が廃止され、主産地の市場価格に対する政府の関与が後退することになった。

図4-1には2004年から2022年までの価格支持政策に係る基準価格と政府の買付実績の推移を示した。基準価格は毎年公表されるが、実際の買い付けは収穫期の産地価格の動向を見て実施されるので毎年行われるわけではない。また、買付量は公表されない年もあるため、図に示した政府買付量の推移は大まかな傾向を示すものである。

図からは、まず2010年以降に各穀物の基準価格が引き上げられ、2013年以降に集中して穀物が買い付けられたことが分かる。その後、トウモロコシの価格支持制度が2015年で終わり、水稲と小麦の基準価格も2019年まで引き下げまたは据え置きとなった。

価格支持政策が縮小された理由は、買付量が増えて政府在庫が膨張したこと、国内価格上昇により内外価格差が発生して輸入が急増してしまったことにある（李 2016, pp.7-9）。2015年末時点の政府在庫は水稲で6,000万ｔを超え、トウモロコシは２億ｔを超えており、これは同年の水稲、トウモロコシの生

図4-1　価格支持政策による係る政府買付量と基準価格の推移

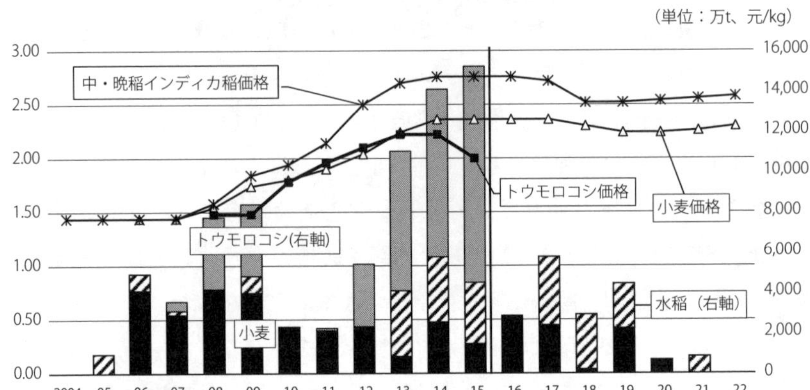

注：1）小麦と水稲は最低買付価格政策、トウモロコシは臨時買付保管政策によるそれぞれの政府買付量と基準価格を示した。
2）水稲の基準価格は早稲インディカ、中・晩稲インディカ、ジャポニカで異なるが、図では中・晩稲インディカ価格のみを示した。
3）トウモロコシの基準価格は黒竜江省に適用された価格を示した。

資料：1）聶振邦『中国糧食発展報告』経済管理出版社、2005年から2012年までの各年版。
2）国家糧食局『中国糧食発展報告』経済管理出版社、2013年から2020年までの各年版。
3）李経謀『中国糧食市場発展報告』中国財政経済出版社、2011年から2020年までの各年版。

産量のそれぞれ30％と75％に相当する量であった。こうした政府の産地市場介入は、産地価格を歪めており、供給過剰になっているにもかかわらず、買付価格を引き上げるので農民がそれに応えて増産させてきたという指摘がある[2)]。内外価格差拡大による輸入も増えており、UN Comtradeのデータベースで2010年と比べた2015年の輸入量を見ると、小麦が2.4倍の297万ｔ、米が9倍の335万ｔ、トウモロコシが3倍の473万ｔに増えている。

（2）主要穀物の生産動向と需給バランスの変化

この政策転換が発端となって、政府は需要に応じた農産物供給を確保することと持続可能な農業の推進とのバランスをとる課題に直面することになった。その一つとしてトウモロコシの供給不足問題が発生した。

この点をFAOの食料需給表で確認しよう。**表4-1**には2000年から19年まで

表 4-1　主要穀物の需給バランスの推移

（単位：万 t）

	米			小麦			トウモロコシ		
	生産量		国内仕向量	生産量		国内仕向量	生産量		国内仕向量
2000	12,534		12,725	9,964		11,151	10,600		11,791
01	11,845		12,940	9,387		11,059	11,409	<	11,784
02	11,642	<	12,863	9,029	<	10,840	12,131		12,230
03	10,716		12,514	8,649		10,659	11,583		12,376
04	11,945		12,182	9,195		10,371	13,029		12,921
05	12,045	>	11,976	9,745		10,361	13,937		13,285
06	12,121	<	12,339	10,847		10,437	15,160		13,578
07	12,409		12,321	10,930		10,465	15,230		14,245
08	12,795		12,731	11,246	>	10,415	16,591		15,630
09	13,013		12,966	11,512		10,568	16,397		15,740
10	13,057		13,029	11,518		10,977	17,743	>	16,986
11	20,100		19,293	11,741	<	12,066	19,278		18,155
12	20,424		19,539	12,102		12,538	20,561		18,520
13	20,361	>	19,431	12,193		11,487	21,849		17,880
14	20,651		19,520	12,621		11,682	21,565		16,887
15	21,214		19,870	13,264		11,747	26,499		23,044
16	21,109		19,992	13,327	>	11,850	26,361		25,557
17	21,268		20,092	13,424		12,201	25,907		26,192
18	21,213		20,435	13,144		12,551	25,717	<	27,223
19	20,961		20,679	13,360		12,472	26,078		27,407
20	21,186		—	13,425		—	26,067		—
21	21,284		—	13,695		—	27,255		—

注：1）2010 年までは Food Balance Sheets Historic のため 2011 年以降と連続しない。米の定義は 2009 年までは"Milled Equivalent"であるが、2010 年以降は"Rice and products"と異なる。
2）対前年比で数値が減少した年の数値に影を付けた。

資料：1）2019 年までの数値は FAOstat（Food Balance Sheet）による。
2）2020 年と 21 年の生産量は国家統計局（2021）および国家統計局「関於 2021 年糧食産量数抛的公告」（国家統計局 HP（ww.stats.gov.cn）2021 年 12 月 6 日）（2022 年 11 月 7 日アクセス）による。

の米、小麦、トウモロコシの国内生産量と国内仕向量の推移を示した。国内仕向量は国内の食用、飼料用、工業加工用、種子用などへの仕向量を合算したもので、その年の国内需要を表している。表には両者の大小関係を不等号で示した。

米の生産量は、すでに2007年から国内仕向量を上回っており、2016年以降生産量が停滞したものの国内仕向量を下回ることはなく、2020年と21年には増産に転じている。小麦も2016年以降、生産量の伸びが緩やかになったが国内仕向量を下回っておらず、2020年、21年には２年連続で増産した。国内仕向量は一貫して増えているが、その内訳をみると食料仕向量の増加率（2016年～19年の平均1.0％）よりも飼料仕向量の増加率（同6.9％）が大きくなっている。ただ、全体的に見ると主食穀物は「絶対的安全（自給）」の状態をほぼ維持できていたと言える。

ところが、トウモロコシは2017年から供給不足に転じることになった。価格支持政策の終了により2015年は4,497万haあった作付面積が2017年に4,420万haに減少し、生産量が減少した。他方で国内仕向量は2016年以降、年平均4.5％のペース増えており、なかでも飼料仕向量の伸び率が6.4％と高くなっている。2021年に生産量が増えたものの2019年の国内仕向量には達しておらず、需給ギャップが解消される兆しは見られない。

（3）トウモロコシ市場の性格の変化

政策転換は同時にトウモロコシ市場の性格も大きく変えた。李（2016：p.14）は、価格支持政策の終了が引き起こすトウモロコシ市場の変化の内容を２つ指摘している。一つ目は、トウモロコシ価格が下落し、それまでの価格支持政策で積みあがった政府在庫の売却により価格がさらに下がり、国内価格と国際価格が接近し、相互の連動性が強まるという変化である。二つ目は国内価格が下落したことで、トウモロコシの価格高騰対応として行われていた大麦やソルガムといった代替品の輸入が減少することである。

一つ目の指摘について**図4-2**を使って確認しよう。図には2014年から22年までの各穀物の国産価格とトウモロコシとインディカ米の輸入価格を示した。ここでは破線で囲ったトウモロコシの価格の2016年から18年の推移に着目する。図には飼料メーカーが多く立地し、国内東北産トウモロコシと輸入トウモロコシの両方が集積する広東省広州市黄埔港のトウモロコシ着岸価格が示されている。

図でみるように2015年までは輸入価格が低下傾向にあったため内外価格差が１kg当たり１元まで拡大しているが、それが輸入増加の原因となった。2016年以降になると今後は輸入価格が横ばいで推移する中、国内価格が下落

図4-2　主要穀物の価格の推移

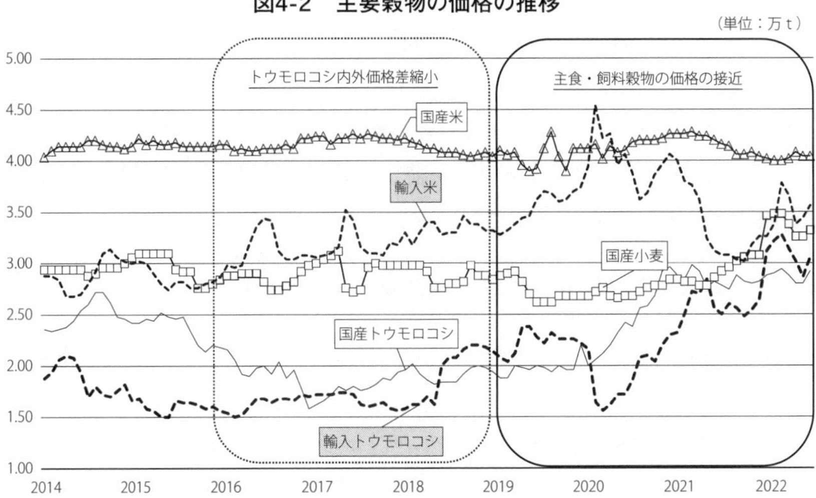

注：１）国産トウモロコシ価格は東北産２等黄色トウモロコシの広東省広州市黄埔港の到着価格。
２）輸入トウモロコシ価格は、アメリカ・メキシコ湾2号イエロー・コーン（子実タンパク質含有率12%）の広東省広州市黄埔港の課税後着岸価格。
３）国産小麦価格は広東省広州市黄埔港着岸価格。
４）輸入小麦価格はアメリカ・メキシコ湾　ハード・レッド・ウィンター（子実タンパク質含有率12%）の課税後着岸価格。
５）国産米価格は、全国の晩稲インディカ米（国家標準1等）の平均卸売価格。
６）輸入米価格はタイ・バンコク米（砕米率25%）の課税後着岸価格。
資料：農業農村部『農産品供需形勢分析月報』農業農村部HP（www.moa.gov.cn）2013年3月~2022年9月（2021年11月27日アクセス）。

して価格差が縮小し、2018年以降になると両方とも１kg当り1.5元から2.0元の間で推移し、価格差もおおむね0.5元以内におさまるようになった。

李（2016：p.14）が指摘したとおり、産地の価格形成が市場に委ねられるようになった結果、トウモロコシ市場では国内価格と輸入価格が接近し、連動するようになったのである。

3．2020年以降の国内飼料市場の変化とその影響

2018年と19年のアフリカ豚熱流行の影響から養豚業が回復しはじめてトウモロコシ不足が顕在化し、価格が高騰し始めたことがきっかけになって、2020年以降、国内飼料市場にさらに新しい変化が起きた。

（1）トウモロコシ価格高騰の主食用穀物市場への影響

2020年以降に起きた市場の変化の一つ目は、飼料市場と主食市場が相互に影響しあうようになったことである。このことを前出の**図4-2**の実線で囲った2019年以降の動向の部分を参考に検討しよう。トウモロコシの国内価格は2018年から19年まではほぼ横ばい状況であったが、2020年に入ると上昇に転じている。輸入価格も上昇しているが、国産価格の方が高いためこれが輸入増加の条件になったと思われる。

宋ら（2021, pp.60-61）によるとトウモロコシの価格上昇と輸入増加は、トウモロコシの小麦への代替に波及したという。確かに図に見るように2020年半ばからトウモロコシの国産価格が小麦の国産価格を超えるまでに上がっており、それが小麦への代替を可能にしたと思われる。小麦価格の上昇はさらに主食市場における小麦から水稲への代替を刺激し、水稲価格の上昇を引き起こしたという。

水稲（米）や小麦は二つの形で飼料市場に流れるようになってきた。一つ目のルートは政府在庫の売却である。政府は価格支持政策で買い入れた水稲や小麦を一定期間保管した後に市況を見て主食用として売却してきた。ところが、2020年の政府の小麦在庫の売却量は5,100万ｔにまで増え、そのうち3,500万ｔが飼料メーカーに流れたと予測されている[3)]。別の報道では2021年の政府在庫の主食用向け水稲の売却量が542万ｔだったが、保管期限を超過した水稲が飼料向けとして1,000万ｔ売却されたという[4)]。

二つ目のルートは輸入である。**図4-2**に2010年以降の主要穀物とトウモロ

図4-3　主要穀物とトウモロコシ代替品の輸入量の推移

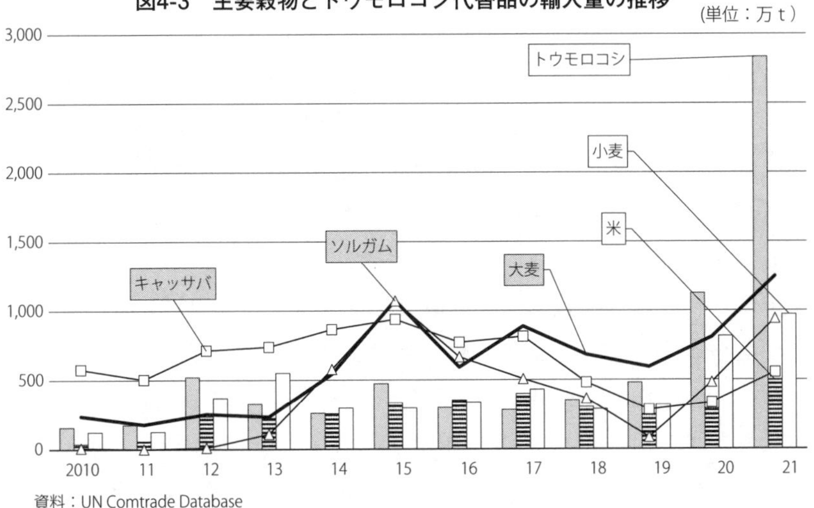

資料：UN Comtrade Database

コシ代替品の輸入の推移を示したが、従来、小麦や米の輸入は硬質・軟質小麦と高級インディカ米が主であるとされてきた。小麦の輸入量は2020年には815万ｔ、2021年には971万ｔに達したが、増加分は主に飼料向けであったという[5)]。米の輸入量も2021年には492万ｔに増えた。2022年１月から９月の輸入量は505万ｔに達したが、破砕米が62％を占め、ビーフン加工や一部飼料用に使われていたという[6)]。

このように養豚業が2020年にアフリカ豚熱流行から回復する過程で、トウモロコシ不足が顕在化し、飼料市場と主食市場が相互に影響しあう状況が新たに生まれたのである。

(2) トウモロコシ代替品の輸入増加

2020年以降に起きた市場の変化の二つ目はトウモロコシの代替品の輸入が再び増えたことである。阮（2017, pp.193-194）は、2016年以降にトウモロコシ価格が低下したことで、在庫処理が一巡すればトウモロコシやその代替品である大麦、乾燥キャッサバ、ソルガム、さらに関税率の低い食肉の輸入が増えていく可能性があると指摘しているが、そのことが現実になったのである。

前出の**図4-2**に示したトウモロコシと代替品である大麦、ソルガム、キャッサバの輸入量の推移から、2020年以降、トウモロコシの輸入増加と同時に代替品の輸入が増えたことが見て取れる。これはトウモロコシ価格が高騰したため、飼料メーカーがより安い原料を求めるようになったためである。

トウモロコシの輸入が急増したことで輸入相手国も変化した。2015年以降、米中経済摩擦の影響と国内価格の下落により輸入が減った時期は、ウクライナが中心であったが、2021年に輸入量が2,835万ｔに増えた際には、アメリカからの輸入が1,983万ｔに増え、７割を占めるまでになった。アメリカから見ると2020年のトウモロコシ輸出量5,184万ｔのうち中国向けの割合は13％で、メキシコ、日本に次ぐ３番目であった。ところが、2021年になると輸出量7,004万ｔのうち中国向けの割合が27％に増え、メキシコ、日本を抜いた。このように中国の輸入増加は輸出国側の貿易構造に影響を与えたのである。

代替品の輸入増加に対応して2021年４月になると農業・農村部等は「豚・鶏飼料のトウモロコシ・大豆かす減量・代替技術指針案」を公表した。これはトウモロコシや大豆かすの消費を節減するために代替品の利用に必要な飼料配合技術のガイドラインを示したものである。トウモロコシ不足と価格高騰の畜産業への影響を考慮して、政府も代替品の積極的利用の推進に乗り出したのである。

４．中国の食料安全保障戦略の課題

2021年11月から2022年１月の間に政府農業・農村部は第４次５か年計画期（2021～25年）における農業・農村の現代化、耕種農業、畜産業および国際協力という４つの分野の５か年計画を公表した[7)]。本章の最後にこれらの計画の内容を総合的に観察して飼料確保問題が焦点化する中国の食料安全保障

表 4-2　第 14 次 5 か年計画期の農業と畜産業の発展目標

（単位：万 ha、万 t、kg/10a、%）

		第 13 次 5 か年計画		第 14 次 5 か年計画		増減率	
		2016 年（基準年実績）	2020 年（最終年実績）	2021 年（基準年実績）	2025 年（目標値）	2016 年→2020 年	2021 年→2025 年
水稲	作付面積	3,075	3,008	2,992	3,007	-2.2%	0.0%
	生産量	21,109	21,186	21,284	21,500	0.4%	1.5%
	単収	686.6	704.4	711.3	715.1	2.6%	0.5%
小麦	作付面積	2,467	2,338	2,357	2,333	-5.2%	-0.2%
	生産量	13,319	13,425	13,695	14,000	0.8%	**4.3%**
	単収	540.0	574.2	581.1	600.0	6.3%	**3.3%**
トウモロコシ	作付面積	4,418	4,126	4,332	4,200	-6.6%	**1.8%**
	生産量	26,361	26,067	27,255	26,500	-1.1%	**1.7%**
	単収	596.7	631.7	629.1	631.0	5.9%	0.3%
肉類生産量		8,628.3	7,748.4	8,887.0	8,900.0	-10.2%	0.1%
豚肉生産量		5,425.5	4,113.3	5,296.0	5,500.0	-24.2%	3.9%

注：穀物の数値目標に単収は含まれていないため、作付面積と生産量から計算した10a当り単収を示した。
資料：1）穀物は「第 14 次 5 か年計画期全国耕種農業発展計画」（2021 年 12 月 29 日）による。
2）畜産物は農業・農村部「第 14 次 5 か年計画全国畜産獣医発展計画」（2021 年 12 月 14 日）による。
3）2016 年および 2020 の数値は国家統計局『中国統計年鑑』中国統計出版社、2017 年、20 年、21 年版による。

の課題を検討したい。

５か年計画では、2019年白書同様に畜産物需要が伸びるという認識に立って、穀物を優先発展させること、豚肉は自給率を95％程度に維持することを目標としている。ただ、ここでも農業グリーン化や環境保全の取り組みと需要に応じた生産量の確保とのバランスを取る課題が改めて示されている。

ここで、「穀物の基本的自給、主食穀物の絶対安全（自給）」の基本方針に関わる５か年計画の生産目標について**表4-2**を用いて検討しよう。表には第13次５か年計画（2016～20年）の初年と最終年の実績値および第14次５か年計画の初年である2021年の実績と2025年の計画目標値を示し、初年と最終年の増減率を示した。

まず、水稲、小麦、トウモロコシについて2016年と20年の実績値を比較すると、第13次計画期は作付面積が微減した分を単収増で補い生産量をある程度維持してきたと評価できる。その上で、2025年までの目標を見ると、水稲はほぼ現状維持で、小麦とトウモロコシは作付面積と単収を増やす計画になっている。トウモロコシの生産量については可能であれば２億7,730万ｔと1.8％の増産を追求することが努力目標として追記されており、目標値では十分でないいう認識が示されている。水稲と小麦は2021年の生産量が過去最高であったため、その水準を維持すれば主食穀物の自給は実現できると考えているのではなかろうか。他方、豚肉の生産目標はプラス3.6％と意欲的に見えるが、過去最高であった2014年の5,821万ｔと比べると控えめな目標設定になっている。

他方、元国家発展改革委員会主任の杜鷹氏は比較優位という点から長期的な穀物自給率の推移について悲観的な予測を示している。杜氏は2035年時点で米と小麦の自給率は97％、96％を維持できるが、比較優位を持たないトウモロコシは不足量が現在の1,130万ｔから3,500万ｔに増加し、自給率は95.6％から90％に下がると予測している[8)]。

トウモロコシの供給が引き続き不足することは各計画の共通認識になっており、農産物の国内市場対策と輸入対策も提起されている。まず国内市場対策として取引市場の整備と情報収集システムを強化し、さらに政府備蓄に加えて国有大手流通企業を育成して民間在庫を市場価格の安定に活用する構想が示されている。以前のような政府が産地市場に介入する価格支持政策に戻れないこと、さらに主食と飼料、国産と輸入の市場が相互に影響しあう現状を受け容れて、取引市場において備蓄在庫を運用して価格変動を抑制しようというのは一つの考え方である。輸入対策としては、輸入ルートの多元化を図り国際的な農産物サプライ・チェーンを安定させることが示されている。前出の杜鷹氏は、海外での農業開発を通じた輸入は、農地の購入や借り入れの面で失敗例が多いため、穀物メジャーのように貿易におけるサプライ・チェーンを確保し、そこから川上・川下に拡張していくことで安定供給を実現するべきであると提言している。ただ、トウモロコシのように現在の輸入相手国は一部の主要輸出国に偏っており、輸入ルートの多様化には課題が多いと言えよう。

本章で明らかにしてきた新しい動きはここ数年のことであり、価格や輸入動向も今後変化することは大いにあり得る。だが、中国政府は農業のグリーン化や価格支持政策の縮小を既定路線とし、ある程度の不足が発生することを受け容れているようである。その上で考えると、中国の食料安全保障政策は国内外の市場を区分せず、むしろ国際市場と国内市場のスムーズな接合を模索する段階に入っていると言えよう。５か年計画では農業保険の普及も提起されているが、国際市場の影響をより強く受け、価格変動にさらされるようになることは、国内の農畜産業にとって不確実性が高まることを意味する。現在、中国では食料安全法の制定作業が進められているようである。今後実施される諸施策の動向に注目したい。

注

１）「築牢糧食進口関税配額“防火牆”（「経済日報」９月16日第５版）」農業農村部（www.moa.gov.cn）2021年９月16日（2022年11月７日アクセス）。
２）「陳錫文　解読“2016年中央一号文件”亮点」湖南省農業庁（agri.hunan.gov.cn）2016年３月２日（2022年11月７日アクセス）。
３）「2021年中国玉米市場分析」農小蜂（www.weihengag.com）2022年２月18日（糧油市場報からの転載記事）（2022年11月７日アクセス）。
４）「五省啓動托市収購　中晩稲市場何時走強」中国農業信息網（www.agri.cn）2021年11月５日（2022年11月７日アクセス）。
５）邵海鵬「中国糧食進口量再創新高　食物自給率持續下降」新浪財経（finance.sina.cn）2022年１月18日（2022年11月７日アクセス）。
６）「中国糧食進口量再創新高　食物自給率持続下降」新浪財経（finance.sina.cn）2022年10月31日（2022年11月７日アクセス）。
７）ここで取り上げる農業・農村部公表の４つの計画の原題は、「“十四五”推進農業農村現代化規画」、「“十四五”全国畜牧獣医行業発展規画」、「“十四五”全国種植業発展規画」、「“十四五”農業農村国際合作規画」である。
８）注５）に同じ。

引用・参考文献

菅沼圭輔（2022）「中国版農業のグリーン化の背景と狙い」『日本農業年報67　日本農政の基本方向をめぐる論争点―みどりの食料システム戦略を素材として』農林統計協会、pp.157-172

宋亮・支俏・宋昶・馬洪濤（2021）「対玉米価格波動的思考与分析」『中国糧食経済』2021年第５号、pp.60-61

李経謀（2016）『中国糧食発展報告2016』経済管理出版社、2016年
阮蔚（2017）「生産者補償制度に転換した中国のトウモロコシ政策―価格支持から直接支払いへ―」『農林金融』2017年４月、pp.176-194。

〔2022年11月26日　記〕

第5章

低自給率下における韓国の食料安全保障

品川　優

1．韓国の食料輸入

本稿は、21世紀における韓国の食料安全保障、特に穀物に焦点をあて、その取り組みと課題について考察する。周知のように、21世紀における世界的な穀物価格高騰の時期は、①2007～08年、②現在（2022年）であり、①のピークアウト後も20世紀後半の水準まで低下せず高止まりするなど、両者は連続的であり、かつ20世紀とは異なるステージである。高騰の要因は、①は飼料穀物の需要増大、バイオ燃料への用途転換など20世紀とは異なる動きが大きく関係する。②はロシアによるウクライナ侵攻が加わり、その是非を巡る国連加盟国間の分裂、その核には米中の覇権争いがあるなど、20世紀の体制問題、冷戦時代とも異なる。

一方、21世紀からみる韓国的理由もある。韓国は、21世紀に入ってFTA（自由貿易協定）の推進に転換し、もともと農産物輸入国であったが、さらなる農産物市場の開放に舵を切った。FTA締結国もアメリカや中国などの経済大国、ASEANやEU、RCEPといった大規模経済圏、アメリカやオーストラリアなどの農産物輸出大国など多様であり、FTA比率（貿易全体に占めるFTA締結国のシェア）は7割を超える。農産物の関税撤廃率は相手国・地域により様々であるが、アメリカとEUのみ米以外はすべて最終的に関税を撤廃する高水準のFTAを結んでいる。

表5-1は、2000年以降の食料自給率を示したものである。カロリーベースでは、2000年は50％であったが、19年には34.6％へ低下している。品目別（重量ベース）にみると、穀物のなかでは米のみが概ね自給を達成しており[1]、

表 5-1　食料自給率の推移

（単位：%）

		2000	05	10	15	19 年
カロリーベース		50.6	45.4	46.8	42.5	34.6
重量ベース	米	102.9	96.0	104.5	101.0	82.3
	小麦	0.1	0.2	0.9	0.7	0.5
	トウモロコシ	0.9	0.9	0.9	0.8	0.7
	大豆	6.8	9.8	10.1	9.4	6.6
	野菜類	97.7	94.5	90.1	87.7	87.4
	果実類	88.7	85.6	81.0	78.8	74.5
	牛肉	53.2	48.1	43.2	46.0	36.5
	豚肉	91.6	83.7	81.0	72.8	74.0
	鶏肉	79.9	84.3	83.4	86.6	89.1
	鶏卵	100.0	99.3	99.7	99.7	99.5
	牛乳類	81.2	72.8	66.3	56.6	48.7

資料：韓国農村経済研究院『食品需給表』（各年版）より作成。

近年ではむしろ米過剰問題が深刻化している[2)]。一方、小麦とトウモロコシは2000年以降一貫して１％にも満たず、大豆もほぼ１割前後にとどまるなど[3)]、米以外の国内生産は日本以上に脆弱といえる。穀物以外の特徴も簡単に触れると、牛肉・豚肉及び牛乳類といった畜産物の自給率低下が著しい。したがって、穀物はFTA推進以前に市場の開放が進んでいたのに対し、畜産物はアメリカやオーストラリア、EUなどとのFTAが大きく影響している。

表5-2は、米を除く主要穀物の輸入相手国ベスト３をみたものである。まず小麦をみると、2010年はアメリカが３割、オーストラリア２割、カナダも２割弱と３カ国で全体の70.3％を占める。15年では、これまでも一定のシェアを有していたウクライナが３位に入り、ベスト３のシェアも75.8％へ高まっている。20年はベスト３に変動はなく、アメリカのシェアが４割近くまで上昇し、３カ国で79.6％とそのシェアを拡大している。

トウモロコシは、2000年前後までは中国からの輸入が最も多かった。だが、国内需要の急増にともない中国が輸入国へ転じるなか、2000年代後半にはアメリカからの輸入に依存し、10年はアメリカ一国で85％を占めることとなる。その後、アメリカ国内でのバイオ燃料への転用が急速に進み、アメリカのシェアは２～３割台に低下し、代わってブラジルやアルゼンチン、ウクライナが台頭している。この４カ国は固定的であるが、シェアは変動しているこ

表 5-2　韓国における主要穀物の輸入相手国とそのシェア

（単位：%）

	小麦			トウモロコシ			大豆	
	1位	2位	3位	1位	2位	3位	1位	2位
2010	アメリカ	オーストラリア	カナダ	アメリカ	―	―	アメリカ	ブラジル
シェア	32.6	20.9	16.8	85.3			59.6	36.5
15	アメリカ	オーストラリア	ウクライナ	アメリカ	ブラジル	ウクライナ	ブラジル	アメリカ
シェア	28.9	26.7	20.2	34.2	29.2	15.5	56.7	40.2
20年	アメリカ	オーストラリア	ウクライナ	アルゼンチン	アメリカ	ウクライナ	アメリカ	ブラジル
シェア	38.8	28.0	12.8	26.1	23.8	16.4	48.9	46.1

注：「シェア」は、各品目の輸入総量に対する割合である。
資料：『貿易統計年報』（各年版）より作成。

とが特徴である。

一方大豆は、2000年代前半にはアメリカが７～８割台とほぼ独占していた。しかし、2000年代中葉からブラジルが台頭し、10年以降は両国で95％近くを占める。

このように食料安全保障という点では、韓国は米を除き極めて海外依存度が高く、その輸入相手国も特定の６カ国に集中し、そのなかには戦争中のウクライナも含まれる。そうした土台の上に穀物価格の高騰を経験しており、グローバリゼーションへの深化が大きいほどその反動も増幅する。

２．海外農業開発

（1）農業・農村及び食品産業発展計画

2007～08年の世界的な穀物価格の高騰は、韓国国内においても食料安全保障への懸念を高めた。当時の韓国における穀物価格高騰の姿を、輸入額を輸入量で除した輸入価格から概観してみる。

高騰前（2006年）の小麦１ｔ当たりの輸入価格は190ドルであった。それが07年には1.4倍の260ドルへ、08年は06年の2.5倍の480ドルへ高騰した。同じくトウモロコシは、＜06年150ドル→07年210ドル→08年310ドル＞と２倍強に、さらに大豆は06年でも小麦やトウモロコシより高い260ドルであったが、08年には600ドルまで高騰している。

こうした穀物価格の高騰と、先にみた自給率の低さ、特定国に集中した輸入依存度の高さに起因する食料安全保障の脆弱さに対し、韓国政府は「農業・農村及び食品産業基本法」(2007年）において5年ごとに策定を義務付けた「農業・農村及び食品産業発展計画」のなかで自給率目標を設定している。

1次計画（2008～12年）では、12年の飼料用を含む穀物自給率の目標を23.6％に、同様に「穀物自主率」という新たな概念をつくりその目標を24.6％に設定している。穀物自主率とは、韓国企業が海外に進出し、進出国の農地を購入・借地して穀物生産をおこなう「生産型」、及び進出国において大量に穀物を購入するために流通過程に深く関わる「購入型」の双方を通じて韓国国内に搬入した穀物も[4)]、国内生産に加えてカウントするものである。つまり、12年の目標でいえば、穀物自主率から穀物自給率を差し引いた1.0％が海外で生産・購入して国内に搬入する分ということである。なお、この「自主率」概念が穀物に限定していることも、韓国の食料安全保障のなかで穀物の確保が喫緊かつ重要な課題であることを示している。この穀物自主率の具現化が、2009年から本格始動した「海外農業開発事業」であり[5)]、日本では「ランド・ラッシュ[6)]」で注目されたものである。

2次計画（2013～17年）では、17年の目標を穀物自給率30.0％、穀物自主率55.0％へ引き上げている。その結果、17年の進出国からの搬入分は25％に上昇する。2次計画では22年の目標値も設定しており、穀物自給率32.0％、穀物自主率65.0％である。したがって、国内への搬入分は差し引き33％となり、国内生産を逆転することになる。そのことは、12～22年における上昇ポイントにもあらわれており、穀物自給率は8.4ポイントの増加にとどまるのに対し、搬入分は32ポイントも上昇している。つまり、1～2次計画を通じて韓国政府は、海外での生産・購入に舵を切ることで食料安全保障を達成する方針に大きく転換した。

ところが3次計画（2018～22年）では、輸入依存度の高低や最近の需給状況、国内の作付面積などを勘案し、2次計画で設定した22年の自給率目標を修正している。すなわち、当初設定した穀物自給率32.0％を4.7ポイント引き下げ27.3％としている。一方、穀物自主率についての言及は霧消しており[7)]、これについては改めて後述する。

いずれにせよ、そのような変容はみられるが、海外農業開発事業は現在も続いている。そこで次に、海外農業開発の実績と問題についてみていく。

（2）実績と問題

海外農業開発事業は、民間企業が関心をもつ進出国の農業投資条件に関する調査、人材教育、海外でのインターンなどを支援する補助事業と、進出した企業による現地での農地の賃借や購入、農業機械・設備などの費用に対する融資事業をおこなう。2009～20年の12年間で、前者は288億ウォンを投入し、後者は進出した14カ国・41社に対し1,845億ウォンを融資しており[8)]、1社当たり平均45億ウォンである[9)]。

図5-1は、海外農業開発において進出国で生産・購入した農産物の実績を記したものであり、図中の穀物は米以外の主要穀物－小麦、大豆、トウモロ

図5-1　海外農業開発における海外での生産・購入量

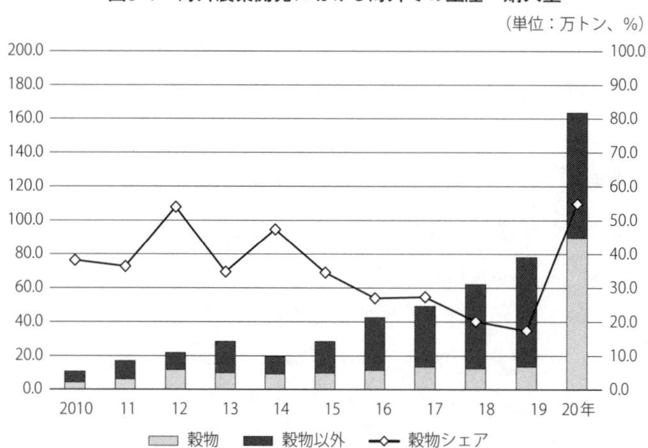

注：「穀物」は、小麦、大豆、トウモロコシを指す。
資料：「韓国農漁民新聞」（2022年３月22日付け）より作成。

コシを指す。ただし、資料の制約から生産及び購入ごとの実績は不明である。

2010年の生産・購入量は、穀物4.1万ｔ、穀物以外6.7万ｔの計10.8万ｔであり、全体の４割弱を穀物が占めている。その後、穀物は19年まで大きく変化することなく、10万ｔ前後とほぼ横ばいである。他方、穀物以外は15年まで10万ｔ台で推移していたが、16年は30万ｔに、18年は50万ｔ、19年には65万ｔへ急増している。以上の結果、全体に占める穀物のシェアは年々低下し、19年には２割を切るまで後退している。

ところが、2020年には穀物の生産・購入量が89.7万ｔへ前年の6.6倍へ激増している。

農林畜産食品部から事業を受託している韓国農漁村公社によると、急増の理由は進出国での生産ではなく購入によるものとのことである[10)]。当然、進出国で農地を確保する交渉から契約、生産に至るまでに要する時間を考えると、価格等の条件が合えば購入する方が早くかつ一定量の確保も容易である。ただし、進出国による穀物の購入は、商社による経済活動と同じであるが、バックボーンに政府がいることが重要な意味をもつ。一方、穀物以外も73.8万ｔへさらに増加しているが、全体に占める穀物の割合は５割を超えている。

このような実績を有する海外農業開発であるが、韓国国内での評価は必ずしも芳しくなく、例えば2018年１月に国会立法調査処が公表した「海外農業開発事業の問題点と改編方向」では事業の根本的見直しの必要性を指摘している。

海外農業開発に対する第１の問題は、国内への穀物の搬入実績である。事業開始から４年が経過した2012年に、農林水産食品部（当時）が国会に提出した資料から、巨額の事業費の投入にもかかわらず、これまで国内に農産物を搬入した実績がほとんどないことが判明した[11)]。**図5-1**の実績は、あくまでも進出国で生産・購入した量であり、韓国国内への搬入量とイコールではない。一定量の穀物がはじめて国内に搬入されたのは翌13年であり[12)]、20年に搬入した穀物は10.3万ｔ[13)]、国内搬入に回った割合は１割前後にとどまる。つまり、搬入以外のほとんどは進出国内で販売されている。なお、20年の搬入量は、韓国の穀物総輸入量の１％にも満たない水準である[14]。

第２の問題は、進出企業の定着率が２～３割ほどにとどまることである[15]。

第３は、進出企業によって確保した品目が穀物以外に偏重している問題である。海外農業開発の主たる目的は主要穀物の確保であり、それ故に穀物自主率が新設された。しかし、それが十分に達成されないまま、進出企業の声（経営・収益面）に応じた品目や、現地に適した品目も容認したことで、融資総額の半分ほどがキャッサバとオイルパームに集中している[16]。このことが、先の穀物以外の生産・購入量が急増した理由の１つである。

第４は、進出国での産業インフラの劣悪性の問題である。道路や港湾、物流施設、輸出基地などが十分ではなく、場合によってはインフラ整備を進出企業が担わされるケースもある。また、インフラの問題だけではなく、進出国の文化や慣習、労働に対する考え方や時間的感覚の相違などに起因する現地労働者とのあつれき・摩擦などもある。こうした問題が、先の進出企業の定着率の低さに結び付く。

第５の問題は、進出国の主権に縛られることである。すなわち、韓国国内への搬入といえども、実質的には進出国からの輸出、韓国による輸入という貿易活動である。当然、輸出に関しては進出国の主権に従わなければならない。そのため、進出国の政府が禁輸措置を講じれば、輸出することができない。一方、輸入に対しては、韓国の関税が課されることになる。それへの対応として、2013年に主要穀物（トウモロコシ、大豆）の輸入管理制度を改定し、海外農業開発による農産物に特恵関税（割当関税）を適用し、一部は無関税で搬入している[17]。

第６は、政府の準備不足が指摘されている。１つは、第４の問題につながる事前の進出国等に対する情報収集や検討・対策の不足である。いま１つは、第１の国内への搬入実績問題にかかる制度の未整備である。そのため2012年に「海外農業開発協力法」を制定し、需給に重大な問題が発生した際に、政府は国内搬入を命ずることができるとした（第33条）。ところが、重大な問題の発生は何を指すのかなど規定の曖昧さが批判された。同法は、対象を広げて15年に「海外農業・山林資源開発協力法」に移行し、先の批判を受けて18年には、融資を受けた進出企業に対し国内搬入を命令できるように改正している[18]。しかし、問題の本質は第５の問題、すなわち進出国の主権が韓国側の思惑を打ち消すことである。

第７は、2014～15年以降、輸出国を中心とした豊作により世界の穀物価格が相対的に落ち着いたことで、国や企業における海外農業開発の相対化、さらには国民の食料安全保障への関心の相対化が生じている。その結果、事業の融資規模も14年までは毎年300億ウォンほどであったが、15年に160億ウォンに引き下げられ、20年には90億ウォンまで減額されている。

このような問題と関心の後退は、白書における海外農業開発の記述の変化にもあらわれている。海外農業開発は、2010年白書から現在まで一貫して「項」が設けられている。そして13年までは、進出国で確保した穀物量など海外農業開発の成果が数値で示されていた。ところが14年以降、記述の内容は海外農業開発を導入した経緯や制度・事業の変遷、支援内容（補助・融資）とその金額などとなり、具体的な成果の数値は消滅している。

ところで、海外農業開発の結果が加味される穀物自主率の記述は、当初から白書にはみられない。その理由は不明であるが、初期は推進して間もなく実績が少ないことが考えられる。しかし、その後も記述はなく、先述した海外農業開発の風向きが変わったことが一因と推測される。それは、３次計画で穀物自主率がみられなくなったことにも通じる。なお、韓国の主要な農業統計においても、筆者の知る限り穀物自主率は記されていない。

このような海外農業開発に対する批判と国民的政策的関心が低下するなか、ロシアによるウクライナ侵攻がはじまった。再び穀物価格の高騰に直面したことで、食料安全保障に注目が集まり、海外農業開発を見つめ直す言論なども出てきた[19]。しかし、海外農業開発で生産・購入した穀物の大部分は、ウクライナ及びロシアの沿海地方に進出した企業によるものである[20]。皮肉な結果であるが、そこは今回の穀物価格高騰の「震源地」である。仮にこのような事情を除いても、海外での生産・購入は戦略物資の性格が強い穀物の場合、特に当該国の主権に左右されるため常に不安定な状況下におかれる。かくして、海外農業開発のような大々的な国策によっても、海外での穀物生産や購入が食料安全保障を担保するわけではないということである。

３．尹政権の食料安保・農政方針

ロシアによるウクライナ侵攻が激しさを増すなか誕生した尹錫悦（ユン・ソギョル）政権（2022年５月）は、７月に「120大国政課題」を公表している。これは、国政目標を17の分野別に計120項目を定めたものであり、政権と国民との約束を意味する。

17分野のなかの13番目「住んで欲しい農山漁村をつくります」が食料や農業、農村に関わる課題・目標であり、120項目中の４項目、すなわち①農山村支援の強化及び成長環境の助成、②農業の未来－成長産業化、③食料主権の確保と農家の経営安定強化、④豊かな漁村、活気に満ちた海洋、が該当する。①は福祉分野や農村空間、林業などにかかわるもの、②は青年農業者３万人の育成やスマート農業の推進、環境親和的農業の拡充、食品産業の育成など、④は水産業に関するものである。

残る③が直接的に食料安全保障と関わる課題・目標であり、具体的にはa）基礎食料を中心に自給率の向上を図る、b）安定的な海外供給網の確保、その他に農業者の経営安定の基盤を拡充するためにc）直接支払い交付金の拡大、及びd）危機管理体制の構築を打ち出している。

それぞれの主な施策内容は、a）に対しては小麦や大豆の専門の生産団地を構築するとともに、専用の備蓄施設を確保して公共備蓄につなげていくというものである。

b）は、民間企業による海外穀物供給網に必要な資金を支援するとともに、不測時における海外穀物の国内搬入を活発化するための制度改善を図る。

c）の直接支払いは、文在寅（ムン・ジェイン）政権下の2020年に導入した公益直接支払いを指す。公益直接支払いは既存の６つの直接支払いを統合したものであり、「基本型」と「選択型」の２つからなる。前者はさらに、経営面積0.5ha以下の農家に年間120万ウォン（１ウォン＝約0.1円）を一律交付する「小農支払い」、それ以外の農家を対象とする「面積支払い」で構成され、選択型は二毛作や景観保全、親環境などの取り組みに応じて交付する。それらの詳細や実績等は別稿に譲るが[21)]、公益直接支払いの予算額2.4兆ウォン（21年）を２倍の５兆ウォンまで段階的に拡大して小規模農家を手厚く支援するとともに、高齢農家のリタイア誘導ならびに青壮年層の育成、さらには新たにカーボン・ニュートラル実現のための直接支払いを推し進めるものである。

d）に関しては、災害保険の対象品目の拡大や外国人を含む労働力供給の多様化、野菜の価格安定制度の拡大など価格騰落に対する危機管理体制の強化を打ち出している。

以上を大別すると、b）は海外農業開発のさらなる推進と問題であった穀物搬入の促進を図るというものであり、前回の世界的穀物価格高騰への対応の継続・延長である。しかしそれらの問題は、すでに指摘したとおりである。一方、残る３つは国内対策である。対策の数をもってして、国内生産に重点をおいたものといえるわけではない。しかし、a）～d）で期待される成果として具体的な数値を明示しているのは小麦・大豆の自給率のみであり、2027年にはそれぞれ６～７ポイント上昇すると見込んでいる。

ところで、現在の小麦や大豆、トウモロコシの国内生産はどのような状況にあるのか、センサスを用いて確認しておく。小麦は自給率が極めて低いためか、センサスには掲載されていない。しかし、『農林畜産食品統計年報』において面積のみ把握できるが、2020年は0.5万haに過ぎない。大豆は、2000年で63.0万戸が6.0万haつくっていたが、20年は25.3万戸へ６割減、作付面積は4.2万haへ３割減少している。その結果、１戸当たり面積は増えたが、20年で0.2haに過ぎない。一方、トウモロコシは、00年15.3万戸・0.9万haが20年10.7万戸・1.3万haと、大豆とは異なり作付面積が1.4倍に増加している。とはいえ、20年の１戸当たり面積は0.1haと小さい。なお、これら品目の多寡をみるため、対米作付面積の割合（2020年）をみると、小麦0.9％、大豆7.0％、トウモロコシ2.2％である。ちなみに日本のそれは、小麦15.7％、大豆10.8％、トウモロコシ6.8％である。また、これまで二毛作に対する直接支払い（１ha当たり50万ウォン、現在は公益直接支払いの「選択型」の一部）を講じて水田二毛作を後押ししてきたが、二毛作率は2000年以降１割前後と大きな変化はみられない（作付品目は不明）。

４．食料安全保障の確保に向けて

21世紀に入って穀物価格が高騰する一方で、食料自給率の低下、なかでも米を除く穀物の自給率が極めて低水準にある韓国の食料安全保障の確保に向けた取り組みをみてきた。その１つが海外農業開発事業であり、生産条件のよい穀倉地帯に韓国の民間企業が進出して、現地での生産及び購入を通じて穀物を確保し、不測時にはそれらを韓国国内に搬入することで食料安全保障を担保しようとするものであった。しかし、先述したように様々な問題を抱えており、特に進出国の主権や方針・政策に制限されるため、韓国サイドの意思に即した食料確保に結び付くものではない。

加えて、ロシアのウクライナ侵攻を契機として、米中の二大国を基軸に国際社会の分裂が表面化するなか、属する陣営の方針、例えば経済制裁の発動などに足並みを揃えることが求められるなど、経済活動、貿易活動にも影響が生じている。そのなかには海外農業開発で生産・購入した農産物も含まれており、いまや不確実性が増している。

このように整理すると、改めて国内生産に軸足をおいた食料安全保障の確保が求められよう。しかし、2022年に発足した尹政権も「120大国政課題」において海外農業開発を継承しつつ、国内生産に対しては公益直接支払いの拡充を打ち出しているが、新政権独自の食料安全保障はいまのところ見当たらない。

韓国でも農家数や農地面積の減少など自給力が後退するなか[22)]、小麦や大豆、トウモロコシの作付面積や二毛作は低調であった。これら品目の国内生産が低位にある理由の１つが、米に対して経済性が劣位にあるためである。例えば、10a当たりの米の所得を100.0とすると（2020年）、大豆は70.0と３割低い。小麦及びトウモロコシのデータは確認できないが、小麦の代替として大麦をみると30.2まで低下する。この経済性の優劣は、国内の米過剰問題の一因でもある。

公益直接支払いは、小規模農家の維持を念頭においた直接支払いという点で画期的ではある。しかし一律に交付することから、米とその他穀物の間にある経済性の格差は依然残されたままであり、農家や農業が維持されることと、必要な品目の生産が維持・拡大されることとが必ずしも一致するわけではない。したがって、公益直接支払い（の拡充）が国内生産の脆弱な小麦や大豆、トウモロコシといった必要な品目への生産誘導、生産拡大に結び付くわけではなく、そのためのインセンティブをどのように付与するかが問われる。

また、それらへの生産誘導・拡大は、米過剰問題の抑制に寄与するが、現在の過剰状況を勘案すると、飼料用や加工・米粉用などへの用途転換が求められる。その点では日本と同じ課題に直面しているが、「120大国政課題」に米の用途転換はみられなかった。しかし直近の国会では、米粉用への用途転換や水田での粗飼料生産の支援を来年からおこなうことが議論されており[23)]、本格的な国内での穀物生産（代替としての粗飼料生産を含む）に向けた総合的戦略が求められよう。

なお、ロシアによるウクライナ侵攻で顕在化した肥料等の生産資材を射程に入れた食料安全保障も検討・考察する必要があるが、これについては他日を期したい。

注

1）関税化したのちミニマム・アクセス米のカウント方法が変わったことが低下の要因の１つである。

2）詳細は、拙著（2022）『地域農業と協同―日韓比較―』筑波書房、第２部を参照。

なお、2000年以降、国内消費を上回る国内供給が続いている。特に16年175万ｔ、17年189万ｔの過剰を記録しており、両年の過剰を合算すると年間消費量の８割強に相当する。20年でも供給量511万ｔ・消費量413万ｔと98万ｔの過剰である。

３）FTAによる国内農業への影響対策として、FTA被害補填直接支払いを講じており、穀物では2015年に大豆が交付対象であった。交付要件は、直近の５中３平均と比べ、①輸入総量が増加、②FTA締結国からの輸入量が増加、③10％以上の国内価格の下落、をクリアしなければならない。15年の大豆は、①4.5％増、②9.0％増、③34.1％減であった。

なお、FTA被害補填直接支払いの詳細は、拙著（2014）『FTA戦略下の韓国農業』筑波書房、拙著（2019）『米韓FTA』筑波書房）を参照。

４）韓国では「農場型」、「流通型」と称しているが、分かりやすさから本稿では「生産型」、「購入型」と表記している。

５）農業生産だけではなく、2016年からは相乗効果に期待して、農業資材の生産や食品加工など周辺の事業分野も射程に入れた「農食品産業海外進出支援事業」に改編している。

６）日本放送協会（2010）『ランドラッシュ』新潮社。

７）農林水産食品部（2018）「2018-2022年　農業・農村及び食品産業の発展計画」p.49。

８）具体的な進出国は、2010年時点のものであるが、ロシア（６社）、カンボジア（４社）、ブラジル（２社）、ラオス（２社）、インドネシア（２社）、ニュージーランド（１社）、フィリピン（１社）である（韓国農村経済研究院（2010）『食料安保体系の構築のための海外農業開発と支援確保に関する方案』p.111）。

９）農林畜産食品部（2021）『2020年　農業・農村及び食品産業に関する年次報告書』p.321。なお、2021年には新たに２社が進出し、進出国も１カ国増えている（「韓国農漁民新聞」2022年３月22日付け）。

10）先に文中で生産と購入の内訳は不明であるとしたが、正確には2010～12年白書まで穀物に限って生産と購入の内訳をみることができる。10年は生産が89.2％を占めていたが、11年67.7％、12年22.4％と購入の比率が急増している。

11）「韓国農漁民新聞」2012年10月５日付け。

12）㈱ソウル飼料が飼料用トウモロコシ3,100ｔを国内に搬入している（「韓国農漁民新聞」2013年３月24日付け）。なお同社は、2018年までにロシア沿海地方に約1.2万haの農地を確保し、トウモロコシや大豆等を直接生産している（「韓国農漁民新聞」2018年６月８日付け）。

13）「韓国農漁民新聞」2022年３月22日付け。

14）「中央日報」2022年５月19日付け。

15）「韓国農漁民新聞」2018年１月16日付け。キム・チャンギル「ウクライナを海外農業開発戦略の基地に」『KREI論壇』2018年12月21日付け。

16）「韓国農漁民新聞」2018年１月19日付け。

17）農林畜産食品部・海洋水産部（2014）『2013年　農漁業・農漁村及び食品産業に関する年次報告書』p.225。

18）「韓国農漁民新聞」2022年３月22日付け。

19）「農民新聞」（2022年４月27日付け）の記事の副題「海外農業開発事業に持続的関心を」などがある。

20）ウクライナとロシア沿海地方には、約10社が海外農業開発で進出している。なお、海外農業開発初期におけるロシア沿海地方の経済・農業状況や進出企業「アグロ生産」の取り組みなどについては、韓国農村経済研究院（2010）『海外農業開発と協力の連携』を参照。

21）前掲『地域農業と協同―日韓比較―』第11章。

22）農家数は2000年の138万戸が20年には104万戸へ25％減少し、農地面積も00年160万haが20年112万haへ30％減少しており、農地面積は農家数以上の減少スピードである。

　また農家の経営主年齢をみると、65歳以上の占める割合が2000年は４割ほどであったが20年には56％と６割近くを高齢者が占めるなど、高齢化の深化と世代交代が進んでいないことが分かる。

23）「韓国農漁民新聞」2022年11月22日付け。

〔2022年11月30日　記〕

第Ⅱ部

みどり戦略を基本法の中に位置づける

第6章

みどり戦略は基本法のあり方にどのような変更を迫るのか

―“本来農業”の展開を軸とするみどり戦略へ―

蔦谷　栄一

違和感が大きい基本法見直しの動き

あらたな食料・農業・農村計画は2020年４月にスタートしたが、スタートして間もなくみどりの食料システム戦略（以下「みどり戦略」）が決定され、その後、食料安全保障論議が盛り上がるなど、環境・情勢の大きな変動にともない、農政の見直しを余儀なくされているのが現状である。しかしながら率直に言ってみどり戦略がねらいとする環境対策、そして食料安全保障については、99年に成立した食料・農業・農村基本法（以下「現基本法」）では今般のような事態も想定して、それなりの規定が置かれていると理解する。むしろ規定が置かれながらもその政策実行が手薄であったが故に、今日の事態を招いている面もあり、基本法が現在の情勢にそぐわないから見直しするというよりは、立法する国会と政策を企画・立案・運用する行政の、実行とチェックがともにおろそかであったところにこそ基本問題があるのではないか。

その意味では、今回いただいたテーマの「みどり戦略は基本法のあり方にどのような変更を迫るのか」という中身での論述ではなく、むしろ「基本法はみどり戦略にどのような変更を迫るのか」「みどり戦略は大事なところで基本法を逸脱している部分がある」という視点からの持論を述べたい。ただし、環境・情勢が大きく変動していることは間違いなく、そうした情勢下で、今後の農政のあり方なり方向性を検討していくことはきわめて重要であり、現基本法への追加・修正はあってしかるべきと考える。

食料・農業・農村基本法は何だったのか

まずはここで1961年に成立した農業基本法（以下「旧基本法」）と99年に成立した現基本法について触れておきたい。旧基本法の成立については、産業の高度化にともなう所得の農工間格差是正とともに、米麦中心から畜産、青果物への生産転換・選択的拡大の推進、このための自立経営体育成という必然性があった。また現基本法については、農産物貿易の自由化が進行して、食料自給率の低下が続く中、あらためて農産物貿易自由化時代に対応して、農業の持つ多面的機能に着目するとともに、直接支払い等も活用して、食料・農村政策と一体化した農業のあり方を展望しようとする必然性があった。

これに対して今回の基本法見直しの議論はどうか。きっかけとなった食料安全保障については、現基本法の第２条に「食料の安定供給の確保」の項が置かれた上で、第19条で「不測時における食料安全保障」の項が置かれている。すなわち第２条の「食料の安定供給の確保」の中の４として、凶作や輸入途絶等の不測の要因が発生しても国民が最低限度必要とする食料の確保をはかっていくことがうたわれている。そのうえで第19条で必要あるときには食料の増産、流通の制限等の必要な施策を講ずることとされている。これら二つの規定で十分かどうかは問われてしかるべきであるが、食料安全保障については現基本法にそれなりの位置づけがなされているといえる。

また、みどり戦略に関連しては、現基本法の第４条に農業の持続的な発展の項が置かれて農業の自然循環機能を維持増進していくことが明記されている。さらに、これを受けて同年に持続農業法、06年には有機農業推進法を成立させながらも、直近での有機農業比率0.6％に象徴されるように、現基本法が志向する具体的な政策はまともに展開されずにきて、今回のみどり戦略とこれを法定化したみどりの食料システム法（以下「みどり法」）の成立に至ったもので、いわゆる新政策が打ち出されてから数えれば”失われた30年“を発生させてきた事実を拭うことはできない。

基本法の見直しについては当然のことながらその必然性があって、ということになるが、要は国会と農水省が何故、現基本法に基づく政策展開が困難であったのかの検証が先決で、そのうえで策定された99年当時と、それから23年が経過した現時点とを比較して、環境・情勢がどれほど異なり、現基本法で十分かどうかについて議論していくこと必要である。そしてこれはあらためて長期的に日本農業が目指すべきビジョンを明確にしていく作業と併行・一体化してすすめていくことが求められる。

切り離せない食料安全保障とみどり戦略

環境・情勢からして最大の変化は、確かに食料安全保障とみどり戦略対応にあるといえる。そして気候変動対策として打ち出されたみどり戦略の本旨は持続性の確保にある。その持続性は食料安全保障が確保されていればこその話し、であり、みどり戦略と食料安全保障はそもそも切り離すことができない一体的な関係にある。食料安全保障は生産・食料供給の問題として位置づけられるが、持続性の確保を本旨とするみどり戦略は、農法の見直しも含めた環境負荷低減という質的な問題として位置づけられるが、担い手や農地等の生産構造面についての持続性確保も欠かすことができない重要なファクターとなる。

すなわち持続性の確保は食料安全保障にとっての必要条件ではあっても、十分条件ではない。したがって、まず食料安全保障について述べた上で、これをみどり戦略と連動させながら、現場での実行レベルで、みどり戦略をいかにして持続性のある中身に変えて展開していくか、という流れで論を展開していくことにしたい。

食料安全保障の概念と不測の事態

食料安全保障について議論が開始されているが、その流れは水田の畑作化による小麦・大豆・トウモロコシ等の増産に向けての取組が中心となりつつある。食料自給率が低迷を続ける中、食料安全保障を確立していくためには食料自給率の向上は必須であり、一人当たり消費量が減少を続けるとともに、人口の減少が加わって需給バランスを喪失している米・水田稲作の生産を抑えて、小麦・大豆・トウモロコシ等の国産化をはかることは合理的判断であると確かに思う。

しかしながら、ここで問題にしたいのは、食料安全保障について議論されつつある現在の状況は、少なくもわが国が凶作にあるのではなく輸入が途絶しているわけでもない。世界的な干ばつ等異常気象にともなう不作にロシアによるウクライナ侵攻にともなう穀物輸出の停滞が重なったもので、これに加速する円安が加わって穀物相場の上昇を招いているのが実情である。現基本法では第19条で「不測時における食料安全保障」が置かれているが、現在議論されている食料安全保障は不測時を超えて現基本法第２条の「食料の安定供給の確保」に食い込んだかたちとなっているといえる。すなわち食料安全保障の対象を、不測時から広げて「穀物等の価格上昇」、いうなれば「食の安定供給に対する不安」をも含めて議論されているのが実態である。しかしながら、筆者はⅠ平常レベル、食料安全保障の対象としてⅡ不安レベル、Ⅲ不測時の三つに区分するとともに、ⅡとⅢとで対応を分けて考えることが必要であると考える。Ⅱの食の安定供給に対する不安ということでは、所得格差の拡大や南北問題等にともなう食の貧困への対応も含めて議論すべきであり、Ⅲの不測時についてはもっと限定的な対応が必要と考える。食料安全保障の概念を明確にしての議論が欠かせない。

いざという時の米と日本型食生活

食料安全保障の対象をⅡとⅢに分けて考える最大の理由は、Ⅱは穀物等農産物のある程度までの輸入を含めての調達が前提されるのに対して、Ⅲはシーレーンが封鎖となって輸入が途絶する事態であり、国内での全面的な食料調達が前提とされるものであって、ⅡとⅢでは事態が大きく異なる。この区分けを無視してⅡの対応によりⅢの事態でも対処していくとした場合には、小麦等の内外価格差を政策は恒常的にカバーしていくことが求められ、内外価格差の大きい小麦等の価格低落時での財政負担を覚悟しておく必要がある。

図6-1　不足時に対応した食生活モデル（イメージ）

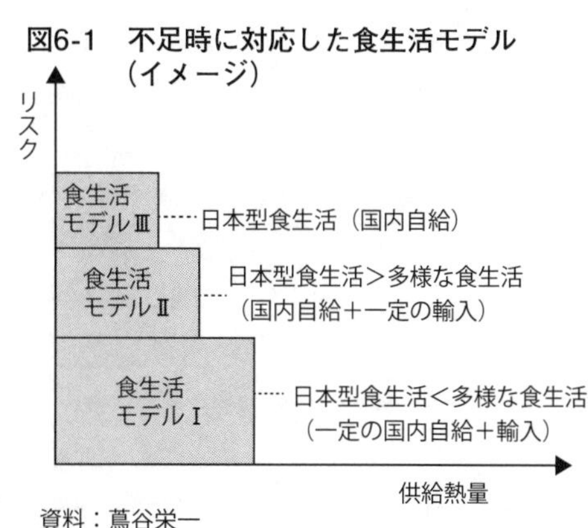

資料：蔦谷栄一

別の切り口でⅡとⅢの違いを言えば、Ⅱは食の多様化を前提に小麦・大豆・トウモロコシ等の国内での増産をはかるものであるが、Ⅲは米を中心とした日本型食生活を基本とし、さらに食料の需給がひっ迫する場合にはイモを大幅に取り入れることになろう。Ⅲを前提にした上でⅡの取組み、すなわち日本型食生活を基本にしながらも、食の多様化も包含し、小麦等を増産し自給率の向上をはかりつつ、輸入も許容していくことが農産物貿易自由化時代には避けられないのではないか（**図6-1**）。

米は一人当たり消費量が減少を続け、さらに人口減少も長期にわたって続くことが見込まれ、米の需給バランスがさらに悪化することは必至である。一方、米、水田稲作は我が国の気候・風土に合った適地適作の作物であり、生産性は高く、食味が良く、保存性も高い。縄文晩期以来、3000年にわたって、適地適作である米を確保していくために土木技術・治水技術の粋を傾けて形成してきた水田は“先祖の血と汗の結晶”である。

単に水田の畑作化をすすめればいいというのではなく、不測時に自給可能なだけの水田稲作は一定程度守っていくことを前提にしたうえで、水田の畑作化を進めていくべきではないか。現状はむしろこの一定程度の水田稲作を守っていくこと自体が、担い手の不足等によって困難化しているという認識からの整理が必要であると考える。

食料安全保障と国土安全保障の一体化

加えて問題提起しておきたいのは、WTO交渉における非貿易的関心事項に、食料安全保障、国土の保全や景観形成を主とする環境保護の必要、地域

図6-2　多面的機能と非貿易的関心事項の内容的な包含関係

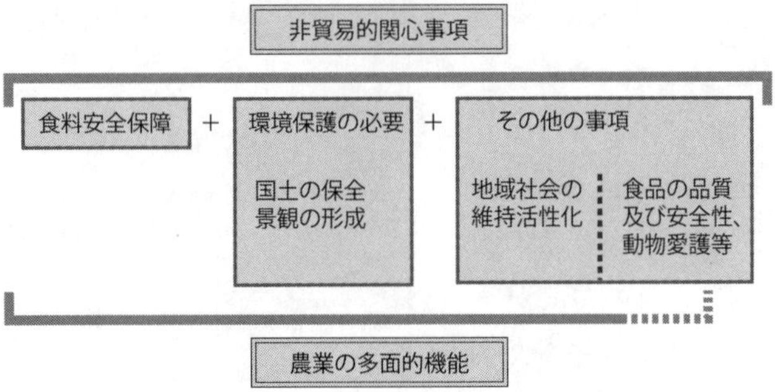

資料：農林水産省「WTO農業交渉の現状と論点」2000年9月。

社会の維持活性化等のその他事項が含まれるが、これらの多くは農業の多面的機能として位置づけられる（**図6-2**）。土壌の流出防止、洪水の防止、地下水の涵養、景観保全、さらには文化の伝承等、多面的機能を最も発揮しているのが水田稲作であり、食料安全保障は勿論のこと、国土安全保障でも水田稲作の持つ役割は大きく、その存在価値はきわめて高い。

また、今、食料安全保障への関心は世界的に高まっているが、食生活の多様化にともない米の消費量が減少して需給バランスを喪失しているのは、日本だけではなく、韓国、台湾、中国でも共通しており、アジアモンスーン地帯にある米食文化圏が抱える共通した問題となっている。健康、食生活という視点からも、わが国だけではなく米食文化圏一体となって米食を再評価し、水田を守っていく運動を展開していくことが、食料安全保障、国土安全保障、そして国際平和のためにも必要な情勢にあるといえる。

キューバの経験が示唆する都市農地保全の重要性

食料安全保障について今一つ欠かせないのが、不測の事態には燃料確保もままならず国内輸送が滞ることをも前提にしておく必要があるということである。これをカバーするためには地産地消を促進していくことになるが、都市化、それも一極集中が進行する中、首都圏を中心に都市部での食料の確保は容易ではない。この時に存在価値を発揮するのが都市農地である。

食料安全保障に関する取組事例として、EUやスイスの平常時からの備えが紹介されることが多い。これは長期にわたっての蓄積が積み重ねられてこそ効果を発揮するものであり、そうした蓄積が乏しい我が国にとってもう一つ参考にしたいのがキューバである。キューバはソ連を中心とする社会主義圏の一員として国内生産はサトウキビとタバコに特化し、小麦等の食料は勿論のこと、肥料・農薬等の農業資材も全面的に輸入に依存するという分業経済の中に置かれてきた。ソ連・東欧社会主義圏の崩壊にともないキューバ政府は「スペシャルピリオド（平和時の非常時）」を宣言し、輸入が途絶する中、食料の自給化・国産化、有機農業への転換、国内資源を活用した産業発展（バイオエネルギー化等）等を打ち出した。こうした中で国営農場の規模縮小と新たな協同組合形態である協同生産基礎単位（UBPC）の設置、食料自給化のための菜園地の貸与等が行われたが、市民・消費者は、周りにある空き地は勿論、生け垣や公園等も農地に変えて野菜等の自給に努め、結果的に都市部での高い自給率を確保したとされる。当然、化学肥料や農薬もないことから、コンポストで堆肥を作るとともにオルガノポニコと呼ばれる有機農法も開発もされた。

シーレーンが封鎖された場合には、エネルギーの不足により農産物の輸送が停滞して首都圏をはじめとする都市部での食料調達がままならない事態に陥る公算も高く、キューバと似たような状況に陥ってもおかしくない。わが国の場合、欧米では城郭を囲んで都市が形成されてきたのとは異なり、虫食い的、非計画的に都市開発されてきたことから、都市部・市街化区域に生産緑地1.2万haを含めて全国農地の1.5％に当たる6.4万haほどの都市農地がまだ残存している。都市農地は災害時の防災空間として位置づけられているが、不測時の食料安全保障としても大きな役割を発揮することが期待され、食料安全保障上からも都市農地は“日本の宝”であり、減少傾向を続けている都市農地の保全が求められる。

都市農地については、15年成立の都市農業振興基本法により市街化区域内農地は「宅地化すべき農地」から「ありうべき農地」に位置づけが変わり、その後の特定生産緑地制度により生産緑地指定して30年後における10年更新や生産緑地の貸借が可能になったとはいえ、半永久的に都市農地の保全が可能な状況には程遠い。都市農地の半永久的保全を可能にする制度の創設、例えば相続税の農地による物納を可能にし、これを農業者等に生産委託していく等の制度の実現を重要課題としたい。

持続性確保に欠かせない自然循環機能

ここまで食料安全保障についての概念整理を踏まえて、食料安全保障と国土安全保障を一体化させて、特に水田の持つ多面的機能を発揮させていくことが重要であり、このためにも一定程度の水田の維持と、これに対応して日本型食生活を再評価していくこと、さらには首都圏への人口集中が激しいわが国の場合には、特に都市農地を保全していくことが欠かせないことを強調してきた。

これを受けてみどり戦略の本旨である持続性の確保について考えてみたい。

みどり戦略では、2050年までに実現する目標として、①農林水産業のCO2ゼロエミッション化の実現、②化学農薬の使用量（リスク換算）の50％低減、③化学肥料の使用量（リスク換算）の30％低減、④有機農業取組面積割合の25％（100万ha）への拡大、⑤食品製造業労働生産性の最低３割向上、⑥エリートツリー等を林業用苗木の９割以上に拡大、⑦ニホンウナギ、クロマグロ等の養殖において人工種苗比率100％実現、を掲げている。この目標が実現可能であるのか、あるいは妥当であるのか議論はかまびすしい。

目標を実現していくことは地球温暖化を回避していくために欠かせないが、持続性確保をねらいとするみどり法では、その第３条で基本理念として「環境と調和のとれた食料システムは、気候の変動、生物の多様性の低下等、食料システムを取り巻く環境が変化する中で、将来にわたり農林漁業及び食品産業の持続的な発展並びに国民に対する食料の安定供給の確保を図るためには、農林水産物等の生産等各段階において環境への負荷の低減に取り組むことが重要であることを踏まえ、環境と調和のとれた食料システムに対する農林漁業者、食品産業の事業者、消費者その他の食料システムの関係者の理解の下に、これらの者が連携することにより、その確立が図らなければならない。」とされている。ここでは「環境と調和」「環境への負荷の低減」という言葉が続き、実現すべき目標と平仄が合っているとはいえるが、ここで基本理念とされるものは有機農業の取組面積割合の拡大を含めた化学農薬や化学肥料の使用抑制に重点が置かれたものになってはいるものの、そこでいう「環境と調和」の核心となる中身が見えない。

これに対して現基本法の第４条に置かれた「農業の持続的な発展」は、「農業については、その有する食料その他の農産物の供給の機能及び多面的機能の重要性にかんがみ、必要な農地、農業用水その他の農業資源および農業の担い手が確保され、地域の特性に応じてこれらが効率的に組み合わされた望ましい農業構造が確立されるとともに、農業の自然循環機能（農業生産活動が自然界における生物を介在する物質の循環に依存し、かつ、これを促進する機能をいう。以下同じ。）が維持増進されることにより、その持続的な発展が図られなければならない。」とされている。持続的発展のためには「望ましい農業構造が（の）確立」とともに、農業の自然循環機能の維持増進が不可欠であり、わざわざ括弧書きして「農業生産活動が自然界における生物を介在する物質の循環に依存し、かつ、これを促進する機能をいう。」と説明を付して、その必要性が強調されている。

みどり戦略、そしてその根拠法となるみどり法は、実現すべき目標に対して化学農薬や化学肥料の使用抑制をカバーするものとして主としてイノベーションが想定されているが、そこには自然観・生命観といったものは欠落している。これに対し現基本法では「自然界における生物を介在する物質の循環」ということで、微生物の働き等も想定されているものと理解され、両者のものの見方には大きな差異があると言わざるを得ない。

筆者は、自然循環を増進させての土づくりによって地力を高めていくことが持続性確保の基本であり、その結果として化学肥料・化学農薬の使用が抑制され、有機農業も可能になるような推進の仕方が望ましいと考える。その意味ではみどり戦略は肝心の自然循環、微生物の持つ力等に対する“まなざし”が欠落しており、むしろ現基本法の持続性概念を援用していくことによってこれを補完していくことが必要な関係にあると考える。

気候・風土に対応した“本来農業”として

有機農業か、減農薬・減化学肥料栽培かは、あくまで手段・方法の問題、選択の問題であり、自然循環を基本とする自然観・生命観を踏まえて、土づくり、微生物が活性化している土壌づくりへの取組みが優先されるべきである。その意味では農業が近代化する以前の江戸時代に見るような自給経済、地域循環を担っていた循環型の”本来農業“とも言うべきものに学ぶことは多いのではないか（**図6-3**）。

みどり戦略ではこれからの技術開発、イノベーションへの期待がきわめて大きいが、わが国にはそうした分厚い在来技術が存在するとともに、0.6%

図6-3　有機農業の本質と近代農業との関係

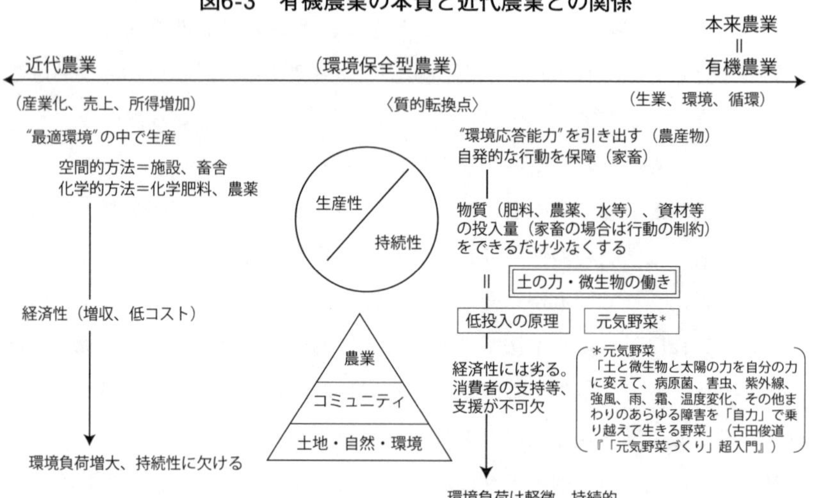

資料：中峯哲夫「有機農業の科学と思想」（『生命を紡ぐ農の技術（コモンズ）第Ⅲ部）を中心に蔦谷栄一が整理して作成。

とはいえ有機農業への先駆的な取組みがなされてきており、また減化学農薬・減化学肥料の取組も少なくない。あわせてカーボンファーミングや環境再生型農業等の、海外発の①土壌の団粒構造を壊さないための不耕起栽培、②土を露出させないよう緑で覆うカバークロップ、③輪作等による多様な作物の栽培、を柱とする取組が世界に広がりつつある。このように在来技術、新技術等がすでに存在・蓄積されており、新たな開発をすすめるだけでなく、これらを再評価・活用していくことが求められているように思う。

なお、みどり戦略にともなう有機農業か、減化学農薬・減化学肥料栽培か、を選択の問題とするのは、冷涼乾燥しており有機農業が相対的に容易で、有機農業基準を世界に広げようとするEUと必ずしも軌を一にする必要はないということによる。アジアモンスーン地帯にあって高温多湿で病害虫や雑草が多いわが国の場合、有機農業を目指すというよりは本来農業、自然循環を重視していくとともに、気候・風土に合った適地適作による農業生産を基本にしていくべきであり、有機農業そのものを推進していくというよりは、いうなれば本来農業の推進、”有機農業運動“を展開していくことが必要であるように考える。

森－里－川－海の循環と耕畜連携

こうした気候・風土に合った農業のベースになるのは、適地適作として選択し、治水技術・土木技術を駆使し形成してきた水田稲作を中心とし畑作をも含めた複合的かつ地域性を活かした多様な農業の展開となる。

中心となる水田稲作は、農家は米を生産すると同時に、木を植え森を作ることによって成立してきた。水田に必要とされる水を安定的に確保していくために森は不可欠で、森を作ることによって保水した水を長時間かけて流していくだけでなく、大雨の時にはこれを保水して洪水や土砂崩れを防止する機能をも発揮してきた。そして森から流れ出る水によって森にある栄養分が供給されるとともに、連作障害の発生をも防いできた。さらには川や海の魚貝や海草等の恵みをももたらし、多様で豊かな食材を供給してきた。

水田稲作が拡がることによって、森－里－川－海の循環が形成されてきたものであり、森と水田は一体化して形成されてきた。今、水田稲作は、米消費量の減少と人口減少だけでなく、担い手の高齢化と後継者不足から生産の継続が困難化しているが、森、林業については水田稲作以上に担い手の不足は顕著であり、森の手入れはおろそかにされ、山の荒廃は甚だしい。またみどり戦略では、エリートツリー等を林業用苗木の90%以上にするとの目標が打ち出しているが、ここには広葉樹も取り入れた混交林による林業の再生、まして生物多様性や森－里－川－海の循環といった視点はまったく欠落している。

みどり戦略では農林水産業のCO2ゼロエミッション化の実現を第一番目の目標に掲げているが、ゼロエミッション、すなわちCO2を排出しない農林水産業ではなく、カーボンニュートラル、プラス・マイナス・ゼロにしていくことが基本であり、水田からのメタン排出を問題にする以上に、土壌への炭素貯留を増加させていくとともに、森林の伐採量を増やして若木によるCO2吸収を増加させていくことが重要である。すなわちみどり戦略は「みどり」を増やしていくところにこそ力点が置かれるべきである。

また畜産は農業関係での主要なCO2排出源の一つとされているが、みどり戦略の対象には含まれてはおらず、別途、畜産関係だけで中間とりまとめが行われながらも、中間報告で終わっている。カーボンファーミングが広がりつつある中、放牧による炭素貯留効果の検証もあわせて畜産のあり方等について議論していくことが必要であり、耕畜連携により水田や耕作放棄地等の地域資源を活かしていくことが求められる。

小農・家族農業の重視と体験教育・食育の普及

この水田稲作の維持、そして水田の保全と森林の再生をすすめていくためには、第一に、小農・家族農業を大事にしていくことが欠かせず、特に中山間地域においては重要である（**図6-4**）。担い手不足にともない規模拡大、大規模経営も必要となるが、畔の草刈り、水路や道路の管理のためには絶対

図6-4　農業ーコミュニティー自然の関係性

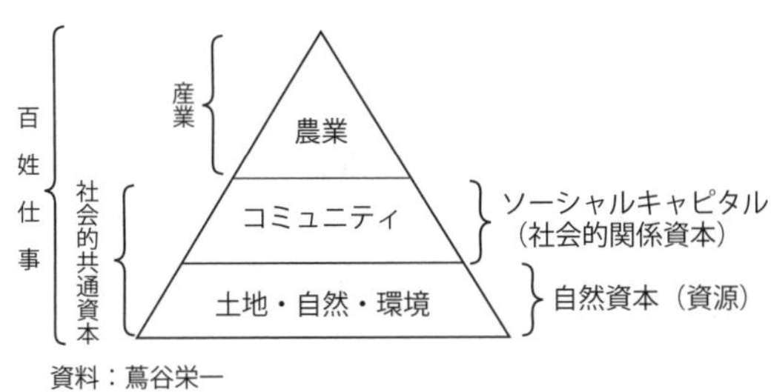

資料：蔦谷栄一

的な人手の存在が不可欠であり、経済行動としての農業というよりは生業としての農業を基本とし、水田の保全や森林の維持に貴重な役割を果たしてきた小農・家族経営の存在は重要であり、小農・家族農業の価値を再評価していくことが必要である。

第二に農村にとどまらず都市からの移入を促進し農村人口そのものを増加させていくことによって、農村住民の絶対数を増やしていくことが欠かせず、そうした中から新規就農者の獲得も可能になってこよう。

そして都市からの移入を増やしていくためには、小農・家族農業とともに農村での地域コミュニティの存在が必要条件となる。しかしながら、これだけで都市からの移入を増加させていくことは困難で、都市自体の中に農村に人を送り込むポンプ機能を果たす活動を組み込んでいくことが必要となる。このポンプの役割を果たすのが市民農園や体験農園等であり、農業に触れ経験する場を設けていくことで、農業や農村に関心のある人たちを獲得し、さらに援農組織を立ち上げる等により農業に参画していくことが期待される。こうした人たちの存在は都市農地の保全の力となっていくだけでなく、その先に農村への移入、田園回帰する人たちを生み出していく可能性を秘めているということができる。

またこうしたベースとして子どもたちの農業体験学習や食育はきわめて重要な役割を担っており、食育も兼ねて有機食材を使って学校給食を拡大・普及させていくことは有効であると考える。

基本法に沿ったみどり戦略の展開を

以上、持続性確保という視点からみどり戦略の取組みのあり方等について、思いつくままにあげてきた。これを踏まえてみどり戦略の展開にともなう基本法のあり方という視点で整理してみたい。

みどり戦略は、気候変動対策としてカーボンニュートラルを目指しており、このための化学農薬の50％低減、化学肥料の30％低減、有機農業面積比率25％等の目標設定は必要であり、異論はない。しかしながらみどり戦略の副題として「食料・農林水産業の生産力向上と持続性の両立をイノベーションで実現」と置かれてはいるものの、中身的には持続性についての認識は希薄であるのに対して、生産性向上とイノベーションへの思い入れは強く、AIやロボット技術等にとどまらず、ゲノム編集やRNA農薬といった遺伝子操作技術等に大きく依存する内容となっている。担い手不足、高齢化等からAIやロボット技術等を活用せざるを得ない面はあるが、遺伝子操作技術への期待が大きいとともに、エリートツリーの大々的な導入等に象徴されるように生物多様性や自然循環増進といった基本部分についての認識は欠落しているといっても過言ではない。

したがってみどり戦略が基本法のあり方に変更を迫るというよりは、むしろ現基本法が重視している自然循環の増進によって、みどり戦略の考え方なりすすめ方について変更を迫る必要があるというのが基本的に思うところだ。逆に在来技術なりカーボンファーミング等の海外発の技術も活用しながら、微生物が活躍できる土づくりによって、自然循環を増進させ持続性を確保していくことが求められる。あわせて自然循環という観点からすれば、耕畜連携も含めて地域資源を活用しての地域循環の形成、さらには生物多様性も重視しながら森－里－川－海という大きな循環を形成して行くことが必要であろう。

基本法見直しと国家ビジョン

以上のように食料安全保障をきっかけにしての現基本法の見直しについてのスタンスは消極的である。ただ、今般、このタイミングで基本法を見直しするとすれば、農業近代化の推進をはかってきた旧基本法では、農産物貿易が自由化する中で、顕在化する農業近代化の弊害を解決していくことは困難であることから、現基本法によって食料や農村の領域をも包含し、多面的機能や地域政策、環境政策等を導入することにより、農業近代化がもたらす弊害とのバランスをはかろうとしてきた。しかしながら現基本法を施行して20数年を経て、バランス論では不十分であり、このままでは日本農業を維持していくことは困難であることが明らかになってきたといえる。こうした観点からすれば、あらためて見直し制定される基本法（以下、「新基本法」）は、バランス論を乗り超えていくという大きな歴史的使命を担うべきものになるのではないか。市場化・自由化・国際化を基本原理とする資本主義経済の中で農業を守っていくためには、新基本法は農業そして農村を社会的共通資本として位置づけていくことが最大のポイントになり、資本主義の攻勢に直接さらされないよう措置していくことが最大の眼目となる。このためには戸別直接所得補償をベースにしながら、自然観・生命観を明確化し重視するとともに、あるべき農業としての本来農業を根幹に置いたうえで、個別の政策についての見直しがすすめられなければならない。

具体的な政策の骨格としては、本稿で先に述べてきた水田農業を中心としての多様な農業、小農・家族農業も重視した多様な担い手、地域循環の形成、多面的機能による国土安全保障が強調される。そして食料安全保障としては多様な担い手の中に国民皆農も位置づけられ、都市農地保全も重要な柱とされる。またみどり戦略がらみでは、自然循環と土づくり、森－里－川－海の循環が重視されなければならない。

このベースには地方分散型の国家ビジョンと地域自給圏づくりが置かれることになる。また前提として基本法を食料・農業・農村問題の憲法として、これを尊重し、これに沿って個々の農政運営を図っていくべく、国会や農水省は姿勢転換をはかっていくことが肝心である。

〔2022年11月29日　記〕

第7章
みどり戦略と食料自給率向上の可能性

鵜川　洋樹

1．みどり戦略と食料自給率

農林水産省が2021年５月に策定した「みどりの食料システム戦略」（みどり戦略）は、食料・農林水産業の生産力向上と持続性の両立をイノベーションで実現することを目的とし、その具体的な取り組みは４つの柱で構成されている。①［調達］資材・エネルギー調達における脱輸入・脱炭素化・環境負荷軽減の推進、②［生産］イノベーション等による持続的生産体制の構築、③［加工・流通］ムリ・ムダのない持続可能な加工・流通システムの確立、④［消費］環境にやさしい持続可能な消費の拡大や食育の推進。このように、みどり戦略の目的では生産力向上と持続性の両立を挙げているが、その取り組みでは持続性に重点が置かれている。それは、翌年の2022年４月に成立した「みどりの食料システム法」の正式名称が「環境と調和のとれた食料システムの確立のための環境負荷低減事業活動の促進等に関する法律」であることから一層明確になった。

本章の課題である、みどり戦略と食料自給率に関しては、谷口（2022）で論じられているように、みどり戦略は食料・農業・農村基本法（基本計画）の枠外に置かれ、食料自給率に関する論点がないこと、国産農産物の生産拡大が輸送に起因する温暖化ガス削減に貢献することから、「食料自給率向上こそみどり戦略の中心課題」としている。一方、基本計画は食料自給率の向上を目標としているが、ロシアのウクライナ侵攻に起因する食料危機を受けて、食料安全保障の強化など基本法見直しの議論が始まり、「農産物や肥料・飼料の国内自給などが論点」（日本農業新聞 2022/09/10）とされている。これまでの基本計画では、食料安全保障は供給先国の多元化に重点があり、一定の実績があった。しかし、ウクライナ侵攻前から、バイオ燃料の増加や中国など新興国における畜産物需要の拡大により飼料穀物を含む農畜産物の輸入は不安定化傾向にあり、ウクライナ侵攻に起因する食料需給の逼迫は世界レベルの価格高騰を引き起こし、供給先国の多元化による食料安全保障の限界が露呈した。

食料自給率向上のためには、みどり戦略でもう１つの目的とされた生産力向上が必要であり、具体的には自給率が低く、需要が増加している農産物（小麦・大豆・濃厚飼料）の生産拡大が目標になることは自明である（鵜川2019)。これら農産物の多くは輸入自由化品目であることから、その生産拡大には政策的支援が不可欠であり、同時に、その財政支出が国民的な合意となるような国産農産物のブランド化（国産プレミアム）が求められる。この点については、みどり戦略の④［消費］の推進が期待される。

本稿では、食料自給率向上にとって不可欠な小麦、大豆、濃厚飼料を取り上げ、その生産拡大のための課題を営農レベルの実態から分析し、みどり戦略の政策課題を検討する。

2．土地利用の高度化による小麦・大豆の生産拡大

小麦や大豆は需要量が増加しているにもかかわらず、その生産面積は2003年以降、大きな変化がなく推移している。このことを営農レベルでみれば、農業経営における作物選択において小麦や大豆の相対的有利性が変わらなかったことを意味している。2020年の麦類の栽培面積は276千haで、うち田が176千ha（64％)、畑が100千ha（36％）で田での栽培が過半を占めている（農水省「耕地及び作付面積統計｣)。同じく、大豆の栽培面積は142千haで、うち田が114千ha（81％)、畑が28千ha（19％）で田での栽培が８割を占める。

小麦・大豆の経営環境をみると、2000年以降の「麦」の農家販売価格は低下基調で推移し、価格指数（2015年＝100）では2000年の307から2013年の96

に大きく低下し、2020年には144と上昇している（農水省「農業物価統計」）。一方、「豆」の農家販売価格は大きな変動はなく、価格指数は2000年の102から2012年に76に低下し、2020年には112となっている。また、小麦・大豆は「畑作物の直接支払交付金」の対象であり、加えて、水田における小麦・大豆はコメ生産調整の転作作物（「水田活用の直接支払交付金」の対象）として栽培されているが、この間の助成金レベルはほとんど変わっていない。このように、小麦・大豆の経営環境に大きな変化がないことから、その生産面積に変化がないのは当然の帰結といえる。

このことは、営農レベルにおいて、小麦・大豆生産拡大に関して行政からのインセンティブは見当たらないことを意味している。しかし、この間、小麦・大豆の生産拡大策がなかったのではなく、それらが営農レベルで効果を発揮しなかったと考えられる。みどり戦略でも同様であるが、農水省の施策では技術開発への期待度が高い。小麦・大豆を水田で栽培するときの最大の課題は排水対策であるが、そのために様々な技術開発が行われている[1)]。また、我が国で最大の水田地帯である、東北地域の水田では年１作が基本であるが、転作作物として小麦や大豆の年１作ではそれぞれの作物の生産面積の増加にはなっても、例えば、小麦が増えた分だけ大豆が減るのであれば、国レベルの食料自給率の向上には結びつかない。したがって、食料自給率の向上には小麦・大豆の生産面積の増加と同時に二毛作など農地の高度利用が求められる。農地の高度利用に関して、東北地域は年１作が基本であるが、「稲－麦－大豆」の２年３作が可能であり、そのための技術開発も行われている[2)]。

秋田県大潟村は水田率100％の大規模水田地帯であり、転作作物のほとんどを加工用米が占めることから、今日でも多くの農家は稲単作経営として営農している。一方、大潟村は、戦後開発地帯では稀有な成功事例といえるが、離農が極めて少ないことから、村内における経営面積の規模拡大が難しい。そのため、１戸あたり経営耕地面積は、入植当時の配分面積である15ha規模の農家が多数を占めている。米価が高かった頃は15haの稲単作経営で十分な農業所得が得られたが、米価の低下に伴って、稲以外の作物に取り組む経営が広がりつつある。そのなかで注目されるのは、「小麦－大豆」の二毛作が増加していることである。

大潟村では2010年の戸別所得補償制度を契機に、コメ生産調整に参加する農家が大幅に増加し、その割合は前年の49％から84％に上昇した。2010年の作付面積は主食用米5,808ha、加工用米2,258haであり、以降、主食用米は減少傾向で推移し、2016年が最も小さく4,714haとなった（**図7-1**）。その後は、生産調整の数量目標の配分が廃止された2018年から増加に転じ、2021年以降は減少するなど、変動基調となっている。この間、加工用米の面積は主食用米と逆相関に推移し、稲単作構造に大きな変化はみられない。他方、畑作物の転作作物面積では、2010年は大豆単作が346haと最も大きいが、その後は一貫して減少し、2022年には190haとなっている。これに対して、増加しているのが「麦－大豆」二毛作である。2010年の40haから徐々に増加し、2022年には117haになっている。

こうした主食用米と加工用米の作付動向を規定しているのは、主食用米価

図7-1　大潟村における作付動向

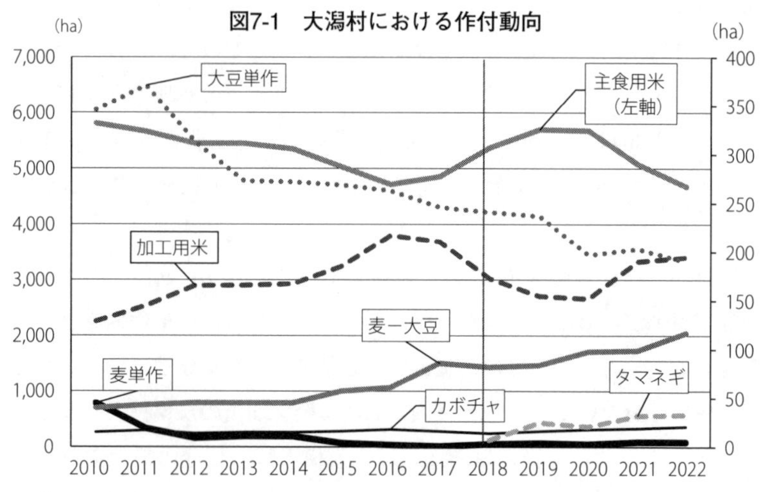

資料：大潟村役場

格が低迷するなかで、転作助成金に加え、加工用米の価格が上昇するなど相対的な有利性が高まっているからである。他方で、大豆単作が減少し、「麦－大豆」二毛作が増加しているのは、15ha規模の水田作経営において稲単作では十分な農業所得を実現できない経営環境になりつつあるからと考えられる。そのため、先駆的な経営では、その対策として「麦－大豆」二毛作を導入している。また、高収益作物として2018年に本格的に導入されたタマネギ作もその経営対応の１つである（稲餅ほか2022）。

大潟村における作物別の10aあたり収入（販売額＋助成金）をみると、普通作物の中では、主食用米が最も低く105千円、「麦－大豆」二毛作が最も高く215千円である（**表7-1**）。販売額では主食用米と加工用米は同程度であるが、主食用米以外の作物に交付される助成金の大きさが作物間の収入差を規定している。助成金が最も多いのが「麦－大豆」二毛作であり185千円になる。その内訳をみると、畑作物直接支払交付金71千円［麦・大豆］、パン・中華麺品種加算18千円［麦］、水田活用直接支払交付金（戦略作物）35千円［大豆］、同左（産地交付金）40千円［麦・大豆］、村単独加算16千円［麦・大豆］などとなっている。次に、収入から経営費を差し引いた所得をみると、主食用米は37千円と最も低く、加工用米59千円、大豆単作63千円、「麦－大

表 7-1　大潟村における作物別収入と農業所得

（円、時間）

作物名	10a あたり						1 時間
	販売額	助成金	収入	経営費	所得	労働時間	あたり所得
主食用米	104,500	0	104,500	67,120	37,380	9.6	3,894
加工用米	103,500	29,525	133,025	73,832	59,193	9.6	6,166
大豆単作	29,750	104,690	134,440	71,270	63,170	1.8	35,094
麦ー大豆	29,890	185,230	215,120	129,868	85,252	4.7	18,139
小麦単作	8,640	113,880	122,520	63,598	58,992	2.9	20,342
カボチャ	350,000	61,525	411,525	115,268	296,257	65.4	4,530
タマネギ	380,000	61,525	441,525	223,588	217,937	66.0	3,302

資料：JA 大潟村（2021 年試算値）

注：１）各作物の品種と 10a あたり収量は、主食用米は「あきたこまち」9.5 俵、加工用米は「たつこもち」11.5 俵、大豆単作は「リュウホウ」3.5 俵、麦ー大豆は「銀河のちから」８俵・「リュウホウ」2.5 俵、小麦単作は「銀河のちから」８俵、カボチャは「くり大将」140 箱、タマネギは「もみじ３号」４ｔ。

２）労働時間は大潟村事例経営の実績値。

豆」二毛作が85千円と最も高くなっている。こうした収益性の違いが作付面積を大きく規定していると考えられる。なかでも、主食用米と加工用米は作付転換が容易なことから、その動向には収益性の影響が大きい。他方、畑作物の麦・大豆については圃場の排水性や機械装備、栽培技術の違いなどがあることから、こうした要因の影響も考えられる。

このように、大潟村における「麦－大豆」二毛作の展開は、助成金に基づく収益性の高さに依拠しており、その内訳をみると、産地交付金や村単独加算などいずれも市町村の裁量で上積みされた助成金によって実現しているものである。つまり、国からの交付金のみでは「麦－大豆」二毛作の所得は29千円となり、主食用米を下回る水準であることから、「麦－大豆」二毛作の拡大はみられなかったと考えられる。

以上のことから、食料自給率の向上にとって、我が国最大の水田を有する東北地域における「麦－大豆」二毛作は重要な取り組みであり、その実現のためには、2018年から廃止された国レベルの二毛作助成を復活することが不可欠であり、加えて、圃場整備や機械装備などの支援も求められる。これは食料自給率向上を目指す国としてのメッセージであり、市町村の裁量に委ねるべきものではないと考えられる。

なお、離農が少ない大潟村では村内における経営面積規模の拡大は展望できないが、農家数減少が続く多くの地域では、担い手経営に農地が集積し100ha規模の水田作経営も珍しくない。このような大規模経営では、作物選択のポイントとして面積あたり収益性に加えて、労働時間あたり収益性の重みが増してきている。大潟村における事例経営の10aあたり労働時間の実績値に基づき作物別の１時間あたり所得を試算すると、主食用米は3,894円と最も低く、最も高いのは大豆単作の35,094円になる。「麦－大豆」二毛作は18,139円であり、一定の高さも実現していることが確認できる。営農レベルにおける作物選択は、面積および時間あたり収益性によって大きく規定されたうえで、排水性などの圃場条件、小麦収穫から大豆播種までの作物切り替え期間に投入できる労働力条件などが制約要因として作用する。既述のように、食料自給率向上のためには、「麦－大豆」二毛作の収益性を高め、制約条件を小さくすることが、営農レベルにおける小麦・大豆の生産量の増加にとって不可欠な政策課題である。

３．水田作経営における飼料用米生産の本作化

食料自給率向上に不可欠なもう１つの作物として濃厚飼料がある。我が国では戦前期から大豆粕など濃厚飼料の輸入が自由化され、輸入飼料と国産飼料の生産性の違いから、営農レベルの作物選択で濃厚飼料が選択されることはなかった。しかし、長年にわたるコメ生産調整政策の結果として、食料自給率向上も見据えた水田フル活用と転作面積消化が課題となり、両者を満たす転作作物として飼料用米が位置づけられ、推進された。その結果、飼料用米の生産面積は大きく増加し、今日では最大の国産濃厚飼料となっている。

2018年から「新たな米政策」（＝コメ生産調整政策の見直し）が始まり、行政による生産数量目標の配分が廃止され、生産者は主体的に需要に応じた主食用米生産ができるようになった。このようなコメ生産調整の画期となるような政策変更は転作作物生産に大きな影響を与えると考えられる。なかでも、近年、転作作物の「切り札」（調整弁）に位置づけられる飼料用米の作付面積への影響は大きいと考えられる。一方、飼料用米の作付面積は、これまでも政策変更や価格条件などの影響により大きな変動を繰り返してきた。その結果もたらされる実需者への供給量不足は国内需要の不安定化要因となることから、飼料用米の安定的な生産＝本作化が求められている。以下では飼料用米生産の本作化の条件を家族経営と大規模経営（企業経営）を対象に検討する。

（１）家族経営における飼料用米生産の本作化[3)]

ここでは、秋田県で飼料用米生産が先駆的に取り組まれ、その主体が家族経営であるJAかづの管内（秋田県鹿角市・小坂町）を対象に飼料用米生産

の本作化条件について検討する。そのため、コメ生産調整政策見直しの影響について、管内における飼料用米生産の動向と事例経営（家族経営）における営農レベルの実態に関する調査結果から明らかにする。

1）JAかづの管内における飼料用米生産

JAかづの管内における飼料用米の作付面積は大きく変動してきた（**図7-2**）。飼料用米が転作作物に位置づけられた2008年から作付面積は2011年まで急激に増加し、243haになった。その後、同じ転作作物である加工用米の価格が上昇し、飼料用米の面積は減少に転じ、2013年まで減少した。2014年から飼料用米の転作助成金に数量払いが追加され、助成金の水準が上昇したことから、飼料用米の面積は再び急激に増加する。飼料用米の面積は2016年の440haでピークとなり、その後は主食用米価格の上昇の影響で飼料用米の面積は再び減少に転じ、2020年まで減少し続けた。2018年から始まるコメ生産調整の見直しは、主食用米の「生産過剰」を引き起こす要因となるが、2018年と2019年は米の不作が続いたため「生産過剰」は顕在化せず、2019年

図7-2　JAかづの管内における飼料用米生産

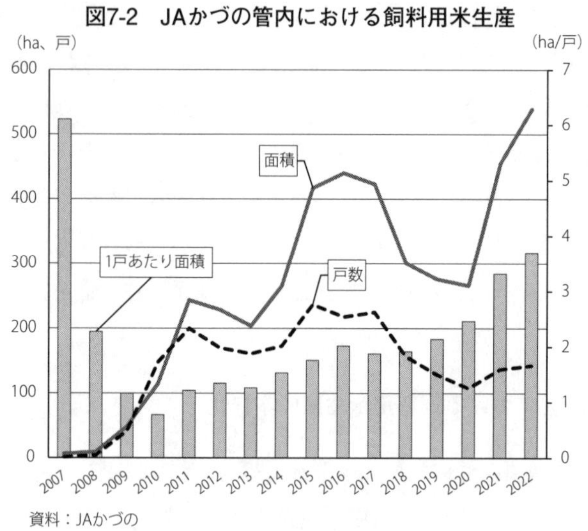

資料：JAかづの

産まで主食用米価格の上昇が続いた。しかし、2020年産米は平年作となり、主食用米価格が低下し始め、2021年産主食用米価格の急落が予想された。そのため、2021年には主食用米から飼料用米への転換が進み、飼料用米面積は三度目の急増で454ha、2022年も引き続き増加し539haとなった。このように飼料用米の作付面積は主食用米の面積と相反する形で変動してきた（**図7-3**）。なお、この間の飼料用米の生産農家数は作付面積とほぼパラレルに変動してきたが、農家数の減少率の方が大きく、１戸あたり飼料用米面積は増加傾向で推移し、2022年は3.7haとなっている。

既述のように、飼料用米の作付面積は2016年の440haから2020年の266haまで減少したが、この間にすべての農家が面積を減少あるいは中止したのではなく、なかには増加させている農家もみられる。2016年に区分管理で飼料用米を生産した農家198戸を2020年までの期間における面積変動で区分すると、中止した農家が116戸と過半を占め、減少した農家が21戸、増減した農家が７戸、変化なしの農家が27戸、増加した農家が27戸であった。この変動区分を飼料用米の作付面積規模別（2016年）にみると、面積規模が大きくなるほど中止した農家の割合が低下し、10ha以上では増加した農家の割合が高まっていた（表出省略）。

図7-3　JAかづの管内における用途別水稲生産面積

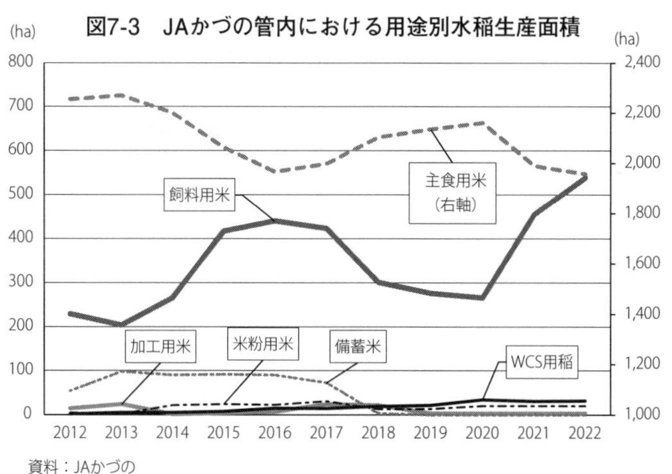

資料：JAかづの

2）事例経営における飼料用米生産

飼料用米の面積変動の実態を個別農家レベルで分析するために、経営面積規模と飼料用米面積の変動区分（2016～2020年の期間における変動）に基づき、聞き取り調査の対象とする事例経営を選定した。選定にあたって、一定規模以上で飼料用米を生産する事例を対象とするため経営面積（水田面積）5ha以上の経営を対象とし、2016年に区分管理で飼料用米を生産した経営を中規模（5～10ha）と大規模（10ha以上）に区分した。次に、2016年から2020年にかけて、飼料用米面積を減少・中止した経営と増加・変化なしの経営に区分し、計4区分からそれぞれ2事例、合計8事例を選定した。事例経営の選定はJAに依頼し、聞き取り調査は2021年8月に実施した。

はじめに、事例経営の概況についてみると、いずれも家族経営であり、常雇はB1・B2経営にみられる（**表7-2**）。高齢の経営主が多い。そのなかで、中規模経営のうち飼料用米を減少・中止した事例は稲作を基幹作物とし、同じく増加・変化なしの事例はトマトやリンゴ＋稲作を基幹作物とする複合経営である。また、大規模経営は両区分とも稲作を基幹とする経営である。

事例経営における飼料用米の作付面積の推移をみると、A1経営は2016年2.46ha、2017年1.64haであったが、2018年以降は中止となっている。中止した直接の理由は政策見直しにある。

A2経営の飼料用米面積は2016年の5.57haから徐々に減少して2019年には

表7-2　調査農家の経営概況（2021年）と飼料用米の作付面積変化

（人、歳、ha）

面積変化	経営規模	農家番号	年齢	労働力		水田面積	飼料用米面積						
				家族	雇用	2021	2016	2017	2018	2019	2020	2021	2022
減少・中止	中	A1	64	2	臨時	9.1	2.46	1.64	0.00	0.00	0.00	0.00	0.00
		A2	79	3	臨時	7.2	5.57	5.57	4.08	2.53	2.62	3.79	3.79
	大	B1	83	2	常雇1、臨時	32.0	10.77	10.09	2.52	5.36	0.00	9.58	9.58
		B2	68	2	常雇1、臨時	35.0	9.18	6.71	6.46	5.56	5.37	5.37	5.37
変化なし・増加	中	C1	66	3	臨時	8.8	2.37	2.37	2.37	2.37	3.46	3.46	3.46
		C2	62	3	臨時	8.8	3.36	4.40	4.55	4.93	5.24	5.95	5.95
	大	D1	53	2	臨時	15.0	7.21	7.08	8.29	6.81	7.29	9.89	9.89
		D2	35	4	臨時	20.8	6.96	6.61	7.03	7.70	7.70	10.25	10.25

注：飼料用米は区分管理面積、2022年は予定面積。

2.53haとなり、その後増加して2021年は3.79haとなっている。主食用米は2020年4.5haから2021年3.4haに減少している。A2経営では、転作目標面積を飼料用米で対応してきたが、主食用米との収益性比較で面積を決めている。主食用米は価格変動が大きいのに対し、飼料用米は助成金が安定していることからリスク分散としての期待もある。2019年にかけて飼料用米面積が減少したのは、2016・17年は飼料用米の直播栽培で単収が低かったことがあげられる。一方、2021年に飼料用米面積が増加したのは、前年の単収が700kg/10aと高かったこと、助成金の増額が要因となっている。

B1経営の飼料用米面積は2016年の10.77haから減少して2020年には０haとなったが、その後増加して2021年は10haとなっている。主食用米は2020年24haから2021年17haに減少している。B1経営の転作は飼料用米と米粉用米での対応で、この間の米粉用米面積は2018～2020年８ha、2021年５haであり、2021年の転作面積は計15haと増加している。B1経営における飼料用米面積の決定要因は、主食用米価格や転作助成金、作業分散、所得増加、JA指導にある。

B2経営の飼料用米面積は2016年の9.18haから徐々に減少して2020年以降は5.37haとなっている。B2経営の転作は飼料用米で対応しているが、2017年は主食用米価格が上昇したことから、飼料用米は減少した。

C1経営の飼料用米面積は2016年から2019年まで2.37haと変化がなく、2020年から3.46haに増加している。C1経営は水田の半分を飼料用米で転作する方針で、2020年に水田面積が7.23haから8.8haに増加したことから飼料用米面積も増加している。飼料用米は転作助成金が計算しやすく、管理しやすいが、コンタミ防止のため面積はあまり変えない。

C2経営の飼料用米面積は2016年の3.36haから徐々に増加し、2021年には5.95haとなっている。主食用米は2020年3.6haから2021年2.8haに減少している。C2経営は条件不利田に飼料用米を栽培する方針で、C2経営には用水の入りづらい湿田が５ha程度あるが、飼料用米なら晩生で倒伏しないので栽培可能である。また、飼料用米はフレコン出荷が可能で、防除回数が少ないなど手間がかからないことがメリットである。飼料用米の面積が徐々に増加したのは、主食用米価格と転作助成金が要因となっている。

D1経営の飼料用米面積は2016年の7.21haから１ha程度の増減を経て、2021年は9.89haに増加している。主食用米は2020年８haから2021年５haに減少している。D1経営は水稲単作で、主食用米５ha（あきたこまち）と業務用米３ha（ちほみのり）、飼料用米７ha（ふくひびき、みねゆたか）の３つでリスク分散を図ることが基本となっている。D1経営は水田の半分を飼料用米で転作する方針であるが、2021年は「あきたこまち」と「ちほみのり」の一部を飼料用に転換したことから飼料用米面積が増加している。

D2経営の飼料用米面積は2016年の6.96haから徐々に増加し、2021年から10.25haになっている。主食用米は2020年12.2haから2021年9.7haに減少している。D2経営は水田の40%を飼料用米で転作する方針であるが、2021年は主食用米価格の低下が想定され、これまで業務用米として生産していた「ちほみのり」を飼料用米に転換したことから、飼料用米面積が増加している。飼料用米の面積決定要因は、①転作目標面積、②主食用米価格、③作業分散、④JAが主食用として販売できる量、⑤条件不利田（１ha）である。

以上のことから、A1経営を除いて、事例経営においては転作目標面積が堅持されていて、飼料用米による転作が基本となっていた。そのなかで、飼料用米の作付面積の決定要因となっていたのは、主食用米価格と転作助成金にあることは共通していたが、飼料用米面積を維持・増加させた経営では作業分散やリスク分散が要因として加わっていた。主食用米価格が2018年以降上昇しても飼料用米面積が減少しなかった要因をここに見出すことができる。なお、事例経営の多くで2021年に飼料用米面積の増加と主食用米面積の減少がみられたのは、前者の要因が共通して作用した結果と考えられる。このように、政策変更は直接的に飼料用米面積の減少につながってはいないが、主食用米価格の変動を媒介に、飼料用米面積に影響していた。一方、飼料用米の作付面積を維持・増加させた事例経営では、飼料用米は作業分散やリスク分散のためと位置づけられていることから、主食用米の価格変動の影響は大きくなく、安定的な飼料用米生産が維持されていた。これらの経営では飼料用米が本作として位置づいているといえる。

（2）大規模経営における飼料用米生産―企業経営の事例―

青森県津軽地域のH経営[4)]は大規模水田作経営であり、本作として飼料用米を生産している。経営耕地はすべて水田で136ha（自作地81ha、借地55ha）、地域の担い手として農地が集積し、毎年10ha程度の面積が拡大している（**表7-3**）。労働力は家族３名、常時雇用５名、コンバインオペレータなどの臨時雇用10名である。作付面積の内訳は主食用米21ha、飼料用米60ha、大豆55haである。主食用米は用途別に品種と出荷先が異なり、「青天の霹靂」2.5ha（JA出荷）、「つがるロマン」３ha（焼き肉店）、「月あかり」8.5ha（商社）、「まっしぐら」７ha（輸出用米）となっている。多様な品種構成を含めて、作付面積の決定要因は作期の分散にあるとされている。そのため、飼料用米の品種は「えみゆたか」と「みなゆたか」であり、うち25haを乾田直播栽培、そのうち２haは不耕起栽培とするなど、栽培技術からも作期の分散を図っている。なお、H経営の直播栽培に関する技術水準は高く、平年作で11.5俵/10aであり、移植栽培と同程度となっている。また、その他に機械償却費負担の低減のために、作業受託として、水稲および小麦の収穫・乾燥調製、大豆の乾燥調製、無人ヘリによる水稲および大豆の防除、稲わらの収集を行っている。

表7-3　H経営の概況（2022年）

経営耕地面積（ha）	136
自作地	81
借地	55
労働力（人）	
家族	3
常時雇用	5
臨時雇用	10
作付面積（ha）	136
主食用米	21
飼料用米	60
大豆	55
作業受託	
水稲収穫・乾燥、大豆乾燥、小麦収穫・乾燥、水稲・大豆防除	
稲わら収集（ha）	280

このように、H経営において飼料用米が選択された要因は作期分散にあり、この点は上述の家族経営と同様である。家族経営に比べて、面積規模が大きく、雇用労働もあることから、冬季労働として、大豆の選別や稲わらの巻き直しを行い、一層の作期分散に取り組んでいる。

4．政策課題

既述のように、みどり戦略には「生産力向上」に関する戦略が欠けていることが課題とされているが、この点を「基本計画」との結節点とし、食料安全保障につなげていくことが基本法の見直し方向として望まれる。持続的な農業生産のあり方には多様なアプローチがあるが、いずれの場合についても生産力向上と持続性の両面が必要である。長期的には有機農業など環境負荷の小さい生産方式が主流になることが目標であるが、この場合でも生産量の減少は避けなければならないことから、その実現には技術開発が不可欠で時間を要する。短中期的には、どのような生産方式であっても、食料自給率の向上に資する小麦・大豆・濃厚飼料などの生産量を増やすことが重要であり、これは環境負荷低減と食料安全保障の両面に寄与することができる。そのためには、国民的な合意に裏付けられた、政策的な支援、長期的・安定的な助成により、営農レベルの作物選択において小麦・大豆・濃厚飼料が選択されることが必要である。

営農レベルにおける作物選択は、既述のように、面積および時間あたり収益性によって大きく規定されたうえで、排水性などの圃場条件、「麦－大豆」二毛作であれば小麦収穫から大豆播種までの作物切り替え期間に投入できる労働力条件などが制約要因として作用する。食料自給率向上のためには、「麦－大豆」二毛作や飼料用米の収益性を高めた上で、制約条件を小さくすることが、営農レベルにおける小麦・大豆・濃厚飼料の生産量の増加にとって不可欠な政策課題である。また、これらの作物が本作として安定的に生産されるためには、水田作経営が中長期的な見通しを持って営農できる経営環境を整備することが不可欠であり、その点から助成金をコメ生産調整から分離するなど、政策リスクの縮小も重要な課題である。

農水省はみどり戦略や食料安全保障の対策として、2022～23年度に「有機転換推進事業」や「畑地化促進事業」などを予算化し、みどり戦略のための「技術カタログ」を公表している。これらきめ細かな事業や技術開発は一定の成果が期待できるものと思われる。しかし、本章の分析結果から、政策として優先すべきは、営農レベルにおいて小麦や大豆、濃厚飼料が選択されるような長期安定的な収益性を確保することであり、上記事業の一時金（転換推進経費や定着促進支援）や新技術はそれを後押しするものである。この順番を間違えては、みどり戦略や食料安全保障までの道のりは遠い。

注

１）小畦立て栽培やカットドレーンなど。

２）かつては立毛間播種技術が必要とされたが、今日では早生品種の小麦が開発されている。

３）本節は（鵜川 2022）の「第３章　コメ生産調整政策の見直しと飼料用米生産」を大幅修正して作成した。

４）H経営は2010年度の天皇杯受賞経営であり、2020年度には「飼料用米多収日本一」コンテストでも表彰されている。

参照文献

谷口信和（2022）「みどりの食料システム戦略―農政の世界的潮流へのキャッチアップと課題―」谷口信和・安藤光義・石井圭一編『日本農業年報67　日本農政の基本方向をめぐる論争点―みどりの食料システム戦略を素材として―』農林統計協会、pp.1-17。

稲餅　瞬・林　芙俊・鵜川洋樹（2022）「水田作経営におけるタマネギ作導入の経営対応―新興産地における導入初期段階の事例分析―」『農村経済研究』39(2)、pp.32-41。

鵜川洋樹（2019）「食料需給構造の変化からみた基本計画の検証―需要構造の変化に対応した生産・供給体制と土地利用―」谷口信和・安藤光義編『日本農業年報65　食と農の羅針盤のあり方を問う―食料・農業・農村基本計画に寄せて―』農林統計協会、pp.57-70。

鵜川洋樹（2022）『飼料用米の生産と利用の経営行動―水田における飼料生産の展開条件―』農林統計出版、p.184。

〔2022年11月28日　記〕

第8章

北海道農業はみどり戦略にどう対応するか

東山　寛

1．みどりの食料システム法の成立

2022年の通常国会に提出された農業分野の関連法案は、①土地改良法の改正、②みどりの食料システム戦略にかかわる新法、③植物防疫法の改正、④輸出促進法等の改正、⑤農業経営基盤強化促進法等の改正、⑥農山漁村活性化法の改正の計６本であり、法改正が５本、新法の制定が１本である。この時点の農政の焦点は「輸出」「みどり（戦略）」「人口減少」の３つであり、それに即して整理しておけば「輸出」が④、「みどり」が②と③、「人口減少」が①⑤⑥に対応する。個別の法案はそれぞれ興味深い内容を含むが、インパクトが大きいのは②と⑤であろう。

みどりの食料システム法（環境と調和のとれた食料システムの確立のための環境負荷低減事業活動の促進等に関する法律）は22年４月22日に成立し、７月１日に施行された。この法律に基づいて、国は基本方針（環境負荷低減事業活動の促進及びその基盤の確立に関する基本的な方針）を定めることになっており、７月11日に方針案がパブリックコメントに付された（正式決定は９月15日）。また、地方自治体（都道府県及び市町村）は国の方針をうけて、基本計画を作成することになっている。みどりの食料システム法は、この基本計画に適合する「環境負荷低減事業活動」に取り組む農業者を、新たに認定する仕組みを創設した（計画認定制度）。言ってみれば、「みどり版」の認定農業者制度である。

北海道は、22年８月30日に開催された北海道農業・農村振興審議会に、基本計画の素案を提出した。その後、10月14日のパブリックコメントを経て、

12月23日に「農林漁業における環境負荷低減事業活動の促進に関する北海道基本計画」（以下、北海道基本計画）を策定・公表した。記載事項は、①環境負荷の低減に関する目標、②環境負荷低減事業活動の内容、③特定区域及び特定環境負荷低減事業活動の内容、④活用が期待される基盤確立事業の内容、⑤環境負荷低減事業活動により生産された農林水産物・加工品の流通・消費の促進に関する事項、⑥環境負荷低減事業活動の促進に関する事項、の６項目である。以下ではさしあたり、①の目標に注目しておくこととしたい。

北海道基本計画では、①燃料燃焼によるCO_2排出量、②化学農薬使用量、③化学肥料使用量、④YES！clean農産物作付面積、⑤有機農業取組面積、⑥GNSSガイダンスシステムの累計導入台数の６項目について、それぞれ数値目標を設定している。このうち①②③については、国が６月21日に示したみどりの食料システム戦略（以下、みどり戦略）の新たな中間目標（2030年目標）がある。具体的には、①が10.6％減、②は10％低減、③は20％低減の数値目標が設定されている。北海道基本計画の数値目標も、国の中間目標と整合性をとるかたちを取っている。ただし、②については国と異なり、「リスク換算」しない数値を採用している。

他方、④⑤⑥については、既存の計画を活用するかたちをとっている。④は、北海道が2000年度から取り組んでいる独自の認証制度で、化学肥料・化学合成農薬の使用の削減など、一定の基準を満たした生産集団を認定する仕組みである。20年３月に策定された「北海道クリーン農業推進計画（第７期）」によれば、全道で263のYES！clean集団が活動している（2018年度）。そして、④と⑥の数値目標については、21年３月に策定した「第６期北海道農業・農村振興推進計画」に盛り込んだ目標値がすでにあり、④は２万ha（2024年目標）、⑥は２万6,000台（2025年目標）である。既存の目標値を活用するかたちをとっており、基本計画で上乗せするような措置はとっていない。

また、⑤については周知のように、みどり戦略が意欲的なKPIを設定しているが、21年５月の策定時点で頭出ししていた2030年目標がある（6.3万ha）。北海道基本計画がこれを意識しているのかどうかははっきり読み取れないが、

22年3月に策定された「北海道有機農業推進計画（第4期）」に盛り込まれた2030年の目標値（1万1,000ha）を、今回の計画では採用している。ここでも、既存計画の有効活用が図られていると言えよう。

以上が北海道基本計画の対応であるが、市町村の計画は、この北海道の計画と共同で作成することになっている。そもそも、国の基本方針において「基本計画については、都道府県が主導して基本計画の素案を作成した上で、特定区域を設定し地域ぐるみの事業活動を促進しようとする市町村（中略）に照会を行うなど取りまとめを行い、都道府県が（中略）全ての市町村と連名の基本計画を作成することを基本とする」と書き込んでおり、北海道基本計画も全道179市町村の連名のかたちをとっている。市町村の計画が、北海道の計画と異なる内容を含むケースとして想定されるのは、市町村が法第15条第2項第3号に規定された「特定区域」を定める場合である。

特定区域は「集団又は相当規模で行われることにより地域における環境負荷の低減の効果を高めるものとして農林水産省令で定める環境負荷低減事業活動」（特定環境負荷低減事業活動）の促進を図る区域を指す。具体的な内容は、関連する「告示」に書き込まれており、①有機農業による生産活動、②廃熱その他の地域資源の活動により温室効果ガスの排出量の削減に資する生産活動、③環境負荷の低減に資する先端的な技術を活用して行う生産活動、とされている。関連して、22年9月時点の「計画作成等の手引き」を見ると、①は「有機農業の団地化」、②は「工場の排熱・廃CO_2を活用した園芸団地の形成」、③は「地域ぐるみでのスマート技術のシェアリング」といった例示が示されている。

このうち、①にかかわっては、令和3（2021）年度補正予算からの「みどりの食料システム推進交付金」を活用して、地域ぐるみで有機農業に取り組む産地（オーガニックビレッジと呼称）を創出する取り組みを政策的に支援している。2025年までに全国100市町村でオーガニックビレッジ宣言を行うという目標も掲げられており、農林水産省の関連ページでは、取組予定の市町村名も掲載している（11月30日の閲覧時点では55市町村）。

特定区域を設定する場合は、北海道基本計画に書き込む必要がある。また、北海道との連名である点は変わりがないが、市町村が別立ての計画を作成することも可能である。12月23日の北海道基本計画は、この部分を「今後、現場の実態を踏まえつつ、市町村と連携して、モデル的な取組の創出に向けた特定区域の設定を推進」と書くに留めた。特定区域の設定がどの程度進むのかが、みどり戦略の現場レベルへの浸透度合いを測るひとつのモノサシになるだろう。

ただし、現時点ではメリット措置がまだ限定的と言わざるを得ない。環境負荷低減事業活動に取り組む農業者に与えられるメリットは、①農業改良資金の償還期限の延長（10年→12年）、②機械・設備等を導入した際の特別（割増）償却、③みどりの食料システム戦略推進交付金等の補助事業における優先採択（ポイント加算）、といった程度に留まる。計画認定制度の導入に伴って、このような特例措置を新設したのは第一歩と言えるが、21年５月のみどり戦略（本体）に書き込んだ「2030年までに施策の支援対象を持続可能な食料・農林水産業を行う者に集中していく」という記述とは、まだ距離があると言わなければならない。

２．生産資材価格の高騰とみどり戦略

多言を要しないが、22年２月24日のロシアによるウクライナへの侵攻は世界レベルの「食料価格危機」や「肥料危機」を引き起こしている。日本への影響も穀物高と生産資材の価格高騰の両面に及んでおり、特に大幅な価格上昇を引き起こしているのは、①輸入小麦の売渡価格、②輸入とうもろこしを主原料とした配合飼料、③肥料原料の大半を輸入に依存している化学肥料、の３つである。ここでは、みどり戦略との関わりで肥料問題を取り上げたい。

ロシアと隣国のベラルーシは肥料原料の一大輸出国でもある。2021年版の食料・農業・農村白書（以下、白書）は、農業資材のトピックで「肥料原料は大半を輸入に依存」という興味深いコラムを掲げていた（農林水産省

2021, p.203.)。全量を輸入に依存している肥料原料として、「りん鉱石」「塩化加里」「りん産アンモニウム」の３つを取り上げている。そのうち塩化カリの2020年（暦年）の輸入量は43万7,000 t で、その13.3％をベラルーシから、12.2％をロシアから輸入している。両者を合わせるとほぼ４分の１である。

このコラムでは、代表的なチッ素肥料（単肥）である尿素について触れていない。農林水産省「肥料をめぐる情勢」(2022年４月）によれば、2020肥料年度（2020年７月～21年６月）の国産割合は４％で、これも大半が輸入である。しかし、チッ素肥料とリン酸・カリとの間には決定的な違いがある。前者は天然ガスなどを原料とする化学工業製品だが、後者は鉱物資源である。肥料鉱物資源は「その存在の有限性と分布の局在性」が基本的な特徴である（高橋 2004, pp.108-109.)。ただし、尿素やりん安の原料となるアンモニアは天然ガスから製造しており、安価な天然ガスの調達が製造拠点の立地条件として必須である。その意味で、鉱物資源ほどの「局在性」はないが、供給先は自ずと限定されると言って良いだろう。

白書は以前にも、輸入に依存した肥料原料の問題を取り上げていた。2008年に今回と同じような肥料高騰問題が発生し、2011年版の白書は「食料安全保障の取組」と題した項目で「国内資源の有効利用」と「海外原料の安定確保」を柱とした「総合的な肥料確保戦略」の重要性を提起している。これ以降の白書も、３～４年にわたってこの問題を取り上げたが、2015年版を最後に記述は姿を消した。このタイミングでTPP交渉が大筋合意に達し（2015年10月)、TPP対応としての「農業競争力強化プログラム」(16年11月）が作成されると、農政の関心が「生産資材価格の引下げ」に移らざるを得なかったためである。

2021年版の白書が数年ぶりに肥料問題をクローズアップした意図はよくわからないが、ほぼ同時期に肥料問題への関心を示した政策文書があった。それが、「2050年までに、輸入原料や化石燃料を原料とした化学肥料の使用量の30％低減を目指す」というKPIを掲げたみどり戦略である。

両文書の公表は2021年５月であり、今日の事態を想定しているわけではな

表8-1　肥料原料の調達先とそのシェアの変化（2020及び2021肥料年度）

（単位：%）

	尿素			リン安			塩化カリ	
	2020	2021		2020	2021		2020	2021
マレーシア	47	60	中国	90	76	カナダ	59	80
中国	37	25	アメリカ	10	3	ロシア	16	3
サウジアラビア	5	4	モロッコ	–	18	ベラルーシ	10	3

資料：2020年度は、農林水産省「肥料をめぐる情勢」（2022年4月）。
　　　2021年度は、農林水産省「肥料をめぐる状況」（2022年10月）。
注：シェアの高い上位3ヶ国を表示した。

い。しかし、この年の後半頃から肥料原料の調達リスク問題が顕在化し、翌年年2月の事態がそれに拍車をかけた。みどり戦略のそもそもの出発点は、2050年のカーボンニュートラルを目指して、農林水産分野の貢献を引き出すことである。しかし現時点では、特に肥料問題において、農政のメインストリームとなりつつある食料安全保障とのリンクが強まっていると言えよう。

肥料をめぐる状況の推移について、いくつか確認しておきたい。まず肥料原料の調達先について見ておくと（**表8-1**）、この1年間でかなり変化していることが見て取れる。2020肥料年度（20肥）と21肥料年度（21肥）を比べて変化の特徴を見ておくと、①尿素では、中国のシェアが37%から25%に低下し、調達先のトップであったマレーシアがそのシェアを高めている（47%→60%）。②リン安は、中国への依存度が圧倒的に高かったが、そのシェアは90%から76%に低下し、代替調達先として浮上したモロッコが、一定のシェアを占めるようになった（18%）。③塩化カリについては、ロシア・ベラルーシのシェアが劇的に低下し（26%→6%）、カナダの増産がそれをカバーするかたちでシェアを大きく拡大させている（59%→80%）。基本的には、中国・ロシアの供給制約を要因として、調達先の変化が引き起こされていると言えよう。

それと同時に、肥料原料の調達価格の高騰と、それに伴う国内供給価格の引き上げも進行している。肥料原料については、調達先の遠隔化と、22年3月以降に急速に進んだ円安が、さらなる高騰に拍車をかけている。供給価格について、全農は22年5月31日に、6月から10月に供給する「秋肥」の価格を発表した。基準銘柄となる高度化成（15－15－15）は、前期（春肥）と比べて55％の引き上げとした。単肥でも、尿素（輸入）が94％、塩化カリが80％の大幅引き上げである。

さらに、10月31日には、11月からの「春肥」の価格も発表された。基準銘柄については、前期（秋肥）との対比で10％の引き上げである。単肥では、尿素（輸入）が９％下げとなったが、高止まりしている状況には変わりがない。塩化カリは引き続き31％の上昇となった。

全農が「春肥」「秋肥」という年２回の価格改定であるのに対し、ホクレンは「年間一本価格」を採用している。ホクレンは22年６月１日に、22年度（６月から23年５月）の肥料価格を、前年度対比で平均78.5％引き上げることを発表した。21年度も10.3％引き上げていたが、それと比べても大幅な引き上げである。

北海道は１年１作が基本であるため、この肥料価格が適用されるのは、23年の営農分である。農協系統は予約購買のシステムをもっており、前年のかなり早い時期に生産者からの注文を取りまとめ、納品や組合員勘定（クミカン）を通じた取引をおこなう。筆者が聞き取りしたオホーツク管内の農協では、５月末から８月にかけて取りまとめをおこない、可能な限り年内の納品を推奨していた。クミカンを通じた代金精算は、23年１月末を予定している。

このような肥料価格の高騰が、農業経営に与える影響を見極めておく必要がある。ここでは、直近の「営農類型別経営統計」の数値を用いて、肥料費の上昇が農業所得に及ぼす影響を確認しておきたい。以下では、直近の2020年調査（22年３月公表）の数値から、水田作経営と畑作経営の営農類型を取り上げておく（**表8-2**）。

北海道の水田作経営の典型として20～30haの階層をとると、2020年の農業所得は926万円である。畑作経営についても同様に30～40haの階層をとると、農業所得は1,009万円である。水田・畑作の中核地帯における平均的な担い手経営の姿をイメージし、この階層を選定した。農業所得は、どちらもほぼ１千万円を確保している。

表 8-2　北海道・耕種経営の概要と農業所得試算（2020 年ベース）

	水田作経営	畑作経営
階層	20〜30ha	30〜40ha
経営面積（階層平均）	23.8ha	35.8ha
農業粗収益（千円）	35,225	52,026
うち共済・補助金等受取金	11,017	17,615
農業経営費（千円）	25,961	41,933
うち肥料費	2,992	5,824
農業所得（千円）	9,264	10,093
上昇後の肥料費（千円）	5,341	10,396
上昇分を織り込んだ農業所得（千円）	6,915	5,521
農業所得の低下率（%）	25.4	45.3

資料：営農類型別経営統計（2020 年・個人経営体）。
注：上昇後の数値は試算値（詳細は本文参照）。

経営収支の概要を見ると、水田作経営の肥料費は総額で299万円、畑作経営は582万円である。農業経営費全体に占める割合はそれぞれ11.5%、13.9%であり、どちらも１割を超えている。

そこで、上述した肥料費の高騰を織り込んで、簡単な試算をしてみたい。ここで示した2020年の数値をベースに置けば、ホクレン供給価格はここから1.785倍となるため、上昇後の肥料費は水田作経営で534万円となり、235万円の負担増となる。畑作経営の上昇後の肥料費は1,000万円を超え、457万円の負担増である。この負担増が生じた場合の農業所得を再計算すると、水田作経営は691万円、畑作経営は552万円まで低下することになる。所得の低下率は前者で25%、後者では実に45%であり、特に畑作経営への影響が甚大である。想定される事態にどう対処すればよいのかが、現時点での大きな課題である。

現在用意されている各種の経営安定対策は、コストの上昇による農業所得の大幅減少という事態に対処することはできない。セーフティーネット対策として用意されている「ナラシ対策」（収入減少影響緩和交付金）は販売収入をベースとした算定であり、経営費の上昇は考慮していない。同じく、2019年からスタートした収入保険も、経営費の上昇を反映する仕組みにはなっていない。

既存のセーフティーネット対策が今の事態に対応できないのだとすれば、新たな観点から農業経営の安定化策を構想しなければならない。節を改めて、この問題を検討しておきたい。

３．コスト上昇と農業経営の安定化策

当面の問題は、コスト上昇をどのようにして吸収すれば良いかである。その方法は、大きく言って次の３つである。

第１に、価格転嫁である。現時点で、コスト上昇に対応した価格引き上げの機運が生まれているのは乳価である。実際に、22年11月からの飲用乳価は期中改定され、kg当たり10円引き上げられた。北海道のプール乳価はこれにより、同２円程度の引き上げとなることが見込まれる。

第２に、「不足払い」型の政策でカバーすることである。典型的には畑作物の「ゲタ対策」（直接支払交付金）と、加工原料乳の補給金制度が挙げられよう。そもそもの制度の趣旨は、恒常的にコスト割れしている品目を対象にして、生産費を基準にとった不足払いをおこなうことである（東山 2022）。生産費を基準としていることから、コスト上昇に対応した仕組みとしてはこれが理想的だろう。

しかし実際には、タイムリーな対応が難しいという問題がある。以下では畑作物のゲタ対策について述べたい。

2007年にスタートしたゲタ対策の単価はおおむね３年ごとに改定される仕組みであり、22年は改定年にあたる。11月25日に開催された食料・農業・農村政策審議会の食糧部会（経営安定対策小委員会）において、向こう３年間（2023～25年）の平均交付単価が示された。畑作４品について見ると、小麦は60kg当たり6,710円から6,340円と370円下げ、大豆は60kg当たり9,930円から9,840円と90円下げ、てん菜（ビート）はｔ当たり6,840円から5,290円と1,550円下げ、でん粉原料用ばれいしょは13,560円から15,180円と1,620円上げ、となった（新たな単価はいずれも免税事業者向けのもの）。今の事態を考慮

すれば引き下げはあり得ないが、でん原ばれいしょを除いて、のきなみ引き下げとなった。これは、過去の生産費調査にもとづいて機械的に算定しているためである。

例えばビートの場合、算定基礎の10a当たり生産費（全算入）は10万9,853円から10万6,613円（2019～21年の３年平均）に低下しているうえ、単収は6,200kgから6,560kg（2014～20年の７中５平均）に上昇している。ここから計算されるｔ当たりコストは、17,718円から16,252円と８％程度低下している。他方、販売価格は、ｔ当たり11,168円から10,963円（2017～21年の５中３平均）にわずかながら低下している。

この算定基礎から計算したコストと販売価格の差が平均交付単価であり、機械的に計算すれば単価の引き下げは当然である。算定年に利用できる生産費調査の数字は前年産までに留まる。過去のトレンドを延長しても、今の事態には対応できない。大胆に見直すのであれば、今後の生産資材価格の上昇を織り込んだ「経営モデル」を作成し、それに基づいて算定すべきだろう。

第３に、タイムリーな対策で補填する現実的な方策である。2022年度は国の予備費を活用した物価高騰対策の枠組みで農業分野の対策も措置されており、次に述べる「肥料価格高騰対策事業」もそのひとつである。

政府は22年７月29日、新たに実施する肥料高騰対策の財源について、2022年度の予備費から支出することを閣議決定した。財源の規模は788億円である。事業が対象とするのは、22年６月から23年５月までの１年間に供給される肥料である。便宜的にこの期間を「当年」、その前の１年間を「前年」と呼んでおく。

事業の趣旨は、前年から当年にかけての肥料コストの増加分を補填することである。当年の肥料費は実際に要した額を把握するが、前年はそうせず、当年の肥料費に上昇率を当てはめ、逆算することとした。この上昇率は、毎月の「農業物価統計調査」を参照し、全国一律の数値を設定する。全農エリアは当年の肥料価格が「秋肥」と「春肥」で異なるため、補填も２期に分かれる。先に「秋肥」分の価格上昇率を1.4倍とすることが、22年10月６日に決定された。

さらに、前年の肥料費を計算する際、価格上昇率に加えて、「使用量低減率」という要素も加味することになった。その数値は「１割減」(0.9) としたが、これがみどり戦略との関連をもっている。みどり戦略の中間目標が掲げたのは「20％低減」であり、今回はその半分の到達水準で可とした。この事業の対象者は「海外原料に依存している化学肥料の低減や堆肥等の国内資源の活用を進めるための取組を行う農業者」であり、考え方としては、当年の肥料費をA、前年の肥料費をB、使用量低減率をrとすれば、B×r＝Aとなるはずだ、というわけである。この「１割低減」した肥料費に価格上昇が重くのしかかる。価格上昇率をpとすれば、(B×r) ×p＝Aである。Aは当年の肥料費の実績であり、把握できるため、前年の肥料費は、B＝A÷p÷rという算式で逆算する。そうなると結局、前年から当年にかけての肥料コスト増加分は実績値のAから計算値のBを差し引いたものであり、これに７割を乗じた額が実際の補填額となる。

この対策が、上述した農業経営への影響をどの程度緩和することになるのかが問題である。前述のように、2020年ベースの営農類型別経営統計を用いて（前掲**表8-2**)、北海道の畑作経営（30 ～ 40ha層）の肥料費は582万円、上昇後の肥料費を1.785倍の1,040万円と試算した。上の算定式をそのまま当てはめると（価格上昇率1.4)、前年の肥料費は825万円となり、補填額は150万円にしかならない。この数値例の限りでは、肥料高騰対策による補填は、実際の上昇分の３分の１をカバーするに過ぎない。

もしも価格上昇率が現実に近い1.7であれば補填額は252万円となり、上昇分の50％強をカバーすることになる。この場合、農業所得は補填額を合わせて800万円程度に回復する。あとは「品代」と「ゲタ」であるが、当面する2023年の営農を念頭に置けば、ゲタ対策の単価については先述したように、見直し後の単価を念頭に置く必要がある。今回の単価見直しも、畑作経営にとっては減収要因となる。同じく22年11月25日の資料を用いて、ゲタ対策による交付金の変動幅を試算しておきたい。ここでは、「課税事業者向け」の平均交付単価を用いる。

畑作４品をとると、小麦の平均交付単価は60kg当たり780円下げ、算定基礎の10a当たり収量（以下、単収）は423kgで、10a当たりの減収額は5,499円と計算される。同様に、大豆の平均交付単価は60kg当たり500円下げ、単収は196kg、減収額は1,633円である。ビートの平均交付単価はｔ当たり1,770円下げ、単収は6,560kg、減収額は11,612円である。でん粉原料用ばれいしょはｔ当たり720円上げであり、単収は4,072kg、増収額は2,932円である。以上４つの増減収額を足し合わせると15,812円の減収となり、４作物の作付けが均等だとすれば、10a当たりでは平均3,953円の減収である。**表8-2**で示した畑作経営の経営面積は35.8haであり、ゲタ対策の単価見直しでおよそ140万円の減収が生じることになる。

以上の試算をまとめておけば、肥料高騰で農業所得は1,000万円から550万円程度に低下するが、肥料高騰対策による補填で800万円程度に回復することができるならば（価格上昇率＝1.7）、ゲタ対策の単価見直しで140万円程度の減収がさらに生じたとしても、元の所得水準に対する不足分は350万円程度となる。この経営の粗収益のうち、共済・補助金等受取金を除いた農畜産物の販売収益（品代）はおよそ3,400万円であり（**表8-2**）、不足分は品代の１割程度の上昇、言い換えれば、価格転嫁で１割程度の引き上げが実現すれば、現状を維持する展望が生まれてくる。なぜ現状を維持しなければならないかと言えば、農業所得は農家の生活水準に直結するからである。

そのためには、肥料高騰対策で実際の上昇分の５割程度をカバーする「価格上昇率＝1.7」が大前提となる。価格上昇率はきわめて重要な要素であり、生産者の実情に即した制度設計が求められる。

また、みどり戦略の中間目標と関連づけられている「使用量低減率」の導入は、いささか唐突であり、化学肥料使用の１割低減（中間目標は２割低減）という目標は、生産者の間でも十分に共有されていない。そうした土台がなければ、使用量低減率の導入は補填額をディスカウントするための手段でしかなく、みどり戦略そのものへの不信感を招くだけである。緊急対策とみどり戦略は目的も、成果を追求する時間軸も異なり、ひとまず切り離して考えた方が良いのではないか。

４．今後の課題と新基本法見直しの論点

最後に、今後の課題を２点述べて結びとしたい。第１に、今後の高騰対策のあり方である。今の高騰対策の枠組みは、これ以上の負担増を抑えることに主眼があり、そもそもの負担を引き下げるところに踏み込んでいるわけではない。2022年に進行した事態は価格の「急上昇」を特徴としているが、今後は価格の「高止まり」という次のステージに移行することが想定される。現行の高騰対策はコストの増加分しかみておらず、このステージに対処するためには新たな発想が必要である。

過去を振り返ってみても（**図8-1**）、2000年代の高騰期においては、肥料費の急騰は一過性の現象に留まっていた。飼料費はそれよりも高い頻度で急騰を繰り返すが、基本的には「発作的」な現象であり、発作を抑えるのが高

図8-1　肥料費・飼料費の推移（北海道平均）

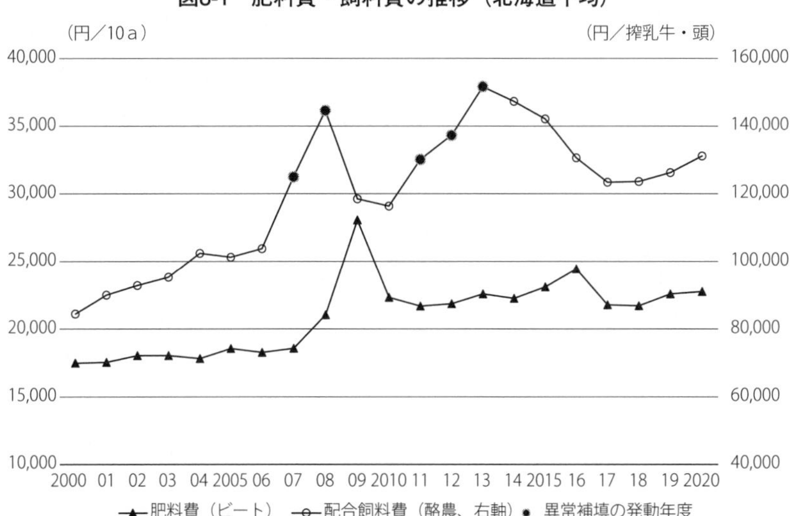

資料：「工芸農作物等の生産費」「畜産物生産費」

騰対策の役割であった。今回もそのパターンをとらないとは言い切れないが、高止まりの局面が長く続くと見た方が良いのではないか。

また、2000年代の高騰局面を迎えた後は、図に見るように肥料費も飼料費も元の水準には戻らず、一段と高いレベルを維持しながら推移してきた。今回は、2010年代に形成されたこの「高止まり」の水準をさらに上回って高騰しており、さらに上のレベルで高止まりすることも想定される。経営にとって再生産可能な負担水準にまで引き下げるための政策的支援が、ぜひとも必要なように思う。

このことは、新基本法の見直しという論点につながっていく。現行の基本法で、経営の安定化策を定めているのは第30条「農産物の価格の形成と経営の安定」である。最初に「農産物の価格が需給事情（中略）を適切に反映して形成される」ことを重視している旨を述べた上で（１項)、「国は、農産物の価格の著しい変動が育成すべき農業経営に及ぼす影響を緩和するために必要な施策を講ずる」と書き込んでいる（２項)。言い換えれば、国は価格形成には関与せず、価格変動の影響をこうむる農業経営の安定化策を用意する、という主旨を読み取ることができる。

しかし、これでは今の事態に対応できない。農業経営の安定化策は、食料安全保障の中心に置かれるべきものである。さしあたりは上述した「第２ステージ」の高騰対策に移行しつつ、農業経営の安定化策を再構築することが必要である。

引用文献

高橋英一（2004）『肥料になった鉱物の物語』研成社。
農林水産省（2021）『食料・農業・農村白書　令和３年版』農林統計協会。
東山　寛（2022）「経営安定対策の展開と課題」『農政の展開と食料・農業市場』筑波書房、pp.29-46。

〔2022年12月23日　記〕

第9章

EUにおける食料自給のシステム転換
—窒素肥料と植物性たんぱく源の供給をめぐって—

石井　圭一

1．はじめに

欧州議会が主張するように、食料安全保障に関する懸念は現状ではない。主要農産品や畜産品においてほぼ自給できているからである。しかし、今般のウクライナ戦争によりウクライナ産のひまわり油や魚介類は短期的には代替がきかないほか、エネルギー、家畜飼料、飼料添加物、肥料など農業生産に不可欠な資材の輸入依存が、供給不安を引き起こすことが露わとなった(European Parliament, 2022b)。欧州委員会は2023年３月、環境配慮の要件を緩和しても加盟国に増産の努力を求め（European commission, 2022a)、翌月には加盟国が提出したEU共通農業政策の国別戦略計画（2023-27年期)、いわば各国におけるEU農政の実施要領を新たな地政学的な背景を念頭に、需給体制の自立性や抵抗力を高めるよう見直しを求めた。

2022年３月、ロシアによるウクライナ侵攻を受けて開催されたEU非公式首脳会議はベルサイユ宣言を採択、ロシア産のエネルギー依存の早期是正や戦略的な重要分野の域外依存の低減を進めることとした。食料は重要な鉱物資源、半導体、医療、デジタルの各分野と並ぶ戦略分野である。そこで具体的に言及されるのが植物たんぱく源の増産による自給率向上や農業資材の域外依存の軽減である[1)]。

以下ではとりわけ、窒素肥料ならびに家畜飼料の価格高騰の影響と対策について確認し、中長期的な自給飼料の確立や窒素循環の向上に不可欠なたんぱく源作物、もしくはマメ科作物の生産奨励について解説したい。

2．EUにおける窒素肥料と家畜飼料の生産動向

（1）窒素肥料の域内需給

EUは無機窒素、リン酸塩、カリ栄養素の消費量のそれぞれ30％、68％、85％を輸入に依存する。窒素肥料の大量生産には水素を生産するための天然ガスが欠かせない。窒素肥料の高騰やその激しい変動はアンモニア製造に要する水素原料となる天然ガス価格の影響を受けたためである。これにより2022年９月には前年同月比、EU農家向け資材価格は149％上昇した。肥料の購入は投入コストの約６％、耕種作物経営では最大12％に達する（European Commission, 2022b）。

現状、生産者は肥料の購入や使用を減らし、肥料製造企業はエネルギーコストの高騰を理由に生産減の体制をとる。2021年末以降、天然ガス価格の高騰に対して、域内のアンモニアと肥料の生産拠点は閉鎖や生産削減を余儀なくされた。2022年夏にアンモニア生産能力は前年比最大70％減少、その後改善され、2022年10月には約50％減まで戻している。呼応して、肥料業界全体の生産量は緩やかに減少し、2022年８月の肥料生産量は2017年から2020年の４か年平均を23％下回った（European Commission, 2022b）。欧州委員会では肥料不足が短期的な収量の減少をもたらし、食料生産が減少する恐れがあるとして、肥料市場の監視と肥料供給の安定を図ることとした（European Commission, 2022a）。

フランスを例にとろう。**表9-1**には最近年の資材価格の変化をしめした。エネルギー・燃料、肥料・改良材、家畜飼料について2021年に前年比10~20％の値上がり、さら2022年にはエネルギー・燃料価格が前年の42％増、肥料・改良材価格が84％増、家畜飼料価格が30％増となった。特に肥料の価格高騰が顕著であることがよくわかる。また、その影響は畑作経営における資材費の高騰に表れている（**表9-2**）

欧州委員会は2022年11月、当面講じる措置として以下を挙げた（European

表9-1　資材価格の変化（フランス、各年8月、2015年＝100）

	2019	2020	2021	2022	2021/22変化（%）
種子	97.3	97.0	97.1	101.3	4.3
エネルギー・燃料	113.4	97.4	118.1	168.2	42.4
肥料・改良材	93.3	86.3	112.5	207.9	84.8
農薬類	95.1	93.3	92.6	96.3	4.0
家畜飼料	100.1	100.8	113.5	147.1	29.6
資材全体	101.8	99.5	109.8	141.3	28.7

表9-2　経営類型別の資材費の変化（フランス、各年8月、2015年＝100）

	2021	2022	変化（%）
穀物・油糧種子・たんぱく源作物	105.9	144.3	36.2
その他普通畑作	105.4	137.5	30.5
ブドウ・ワイン	105.5	124.1	17.6
蔬菜	109.1	130.6	19.6
果樹	106.2	125.4	18.0
酪農	111.1	139.4	25.5
肉牛	111.7	140.2	25.5
養豚	113.3	146.8	29.6
養鶏	110.7	140.9	27.2
全体	109.6	141.3	28.7

資料：Agreste Infos rapides. Coûts de production. Octobre 2022. N. 2022-130,　Octobre 2021. N.2021-139　および. Octobre 2020. N.2020-147.

commission, 2022c)。ひとつは、この冬、欧州委員会文書「安全な冬のためにガスを節約する」に基づき天然ガスの配給が実施された場合、加盟国が肥料生産者へのガス供給を優先できること、ふたつに農業者や肥料製造者に対する特別財政支援である。公的機関が肥料を購入し、それらを生産者に低価格で提供することも加盟国の裁量で可能となる。3つに2023年度に4.5億ユーロ相当の農業関連予備費をコスト高の影響を受ける生産者向けに支出することを検討するとした。

また、中長期的には①有機肥料の使用量が少ない地域において、廃棄物の循環利用を通して有機肥料や植物栄養材へのアクセス向上させること、②窒素肥料の原料となるアンモニア生産について、再生可能で化石燃料に依存しない水素を利用する肥料産業に転換するための支援、③再生可能で低炭素の水素生産を促進する制度環境を整備すること、④ロシアへの依存を軽減するために輸入先の多角化への支援、が含まれる。

さて、EUが2000年５月に公表した「Farm to Fork（農場から食卓まで」戦略」において、2030年までに栄養素の損失を50％削減すること、肥料の使用量を20％削減することを数値目標として掲げた。栄養素の損失は、施用された量の最大50～60％を占め、EUの多くの地域で農地１haあたりの過剰な肥料使用量が認められている。効果的に削減すれば収量への影響は小さい。肥料価格の高騰を受けて肥料の節約の誘因が高まり、目標値の達成は可能と見られている（European commission, 2022c）。

以上のようにEUでは短期的には直接的な肥料供給支援や生産者の負担軽減が講じられる一方、中長期の域内肥料対策、さらには環境負荷軽減に連なる窒素自給の強化と自立性の向上を図ろうとしていることがわかる。

（2）家畜飼料の域内需給

EUでは約500万の生産者が家畜を飼養し、生産額1,300億ユーロ、農業生産の約40％を畜産が占める。年間に必要とする飼料はおよそ4.5億ｔに上る[2)]。また、穀物の食用消費量5840万ｔに対して、飼料用は１億6,250万ｔに上る（2020/21年度、Eurostat）。すでに見た通り、これまで肥料価格には及ばないものの、飼料価格も昨年来、急上昇している。経営費に占める飼料費が大きな割合を占める養豚、養鶏、肥育牛の部門では経営を大きく圧迫している。2000年代後半以降、世界的な穀物価格の上昇期に入ると、飼料価格水準は畜産物価格水準を上回って推移する状況が続いている（**図9-1**）。穀物価格の上昇とともに畜産の生産環境は悪化してきた。

欧州委員会は2022年３月、ウクライナ戦争の影響下、国際的な食料安全保障や域内生産者向けの支援措置を公表、資材価格の上昇や輸出の不振の影響を受ける生産者向けの一時給付にEUが５億ユーロ拠出することとした。加盟国はEUからの配分額の２倍まで上乗せ拠出できる。生産者向けの支援措置には、ほかに直接支払の給付の前倒し、直接支払給付の環境保全要件として生産者が休耕する農地への作付けなどのほか、養豚部門を特定した支援措置がある（European Commission, 2022a）。５億ユーロの支援金の対象の選

図9-1　EUの畜産物価格指数と飼料価格指数の推移（1995年＝100）

資料：FEFAC, From farm to table:2020 feed statistics in charts.（原資料：EUROSTAT）

定は加盟国に委ねられ、一部の加盟国で果実・野菜を含めたが、多くの加盟国が対象とするのが養豚、養鶏、酪農をはじめとした畜産部門であった(European Commission, 2022c)。

フランスの養豚・豚肉業際団体INAPORCによれば、2021年6月以来、飼料費は生産コストの約70%（2020年64%）に上昇、飼料と豚肉の価格比は前例のない水準にまで悪化した。養豚経営では1頭当たり25~30ユーロの赤字を出している（INAPORC, 2022)。この状況を受けてフランス政府は2022年1月、養豚危機対策に2億7,000万ユーロを投じる措置を講じた。22年3月以降はウクライナ戦争による穀物や大豆かすの価格、エネルギー価格が高騰し経営環境をさらに悪化させている。

飼料需給において穀物飼料は十分に域内生産で賄えるものの、たんぱく質飼料源の不足がEU畜産の特性である。**図9-2**はEUにおける植物性粗たんぱく質の供給量の内訳の推計が示される。1億900万tのうち、域内産の穀物3,700万tや牧草・サイレージ飼料類3,760万tはEU域内で自給される粗たんぱく質である。輸入油糧種子（輸入粕を含む）1,580万tのうち大豆由来が

図10-2　EUにおける植物性たんぱく質の供給量内訳（粗たんぱく質量推計）

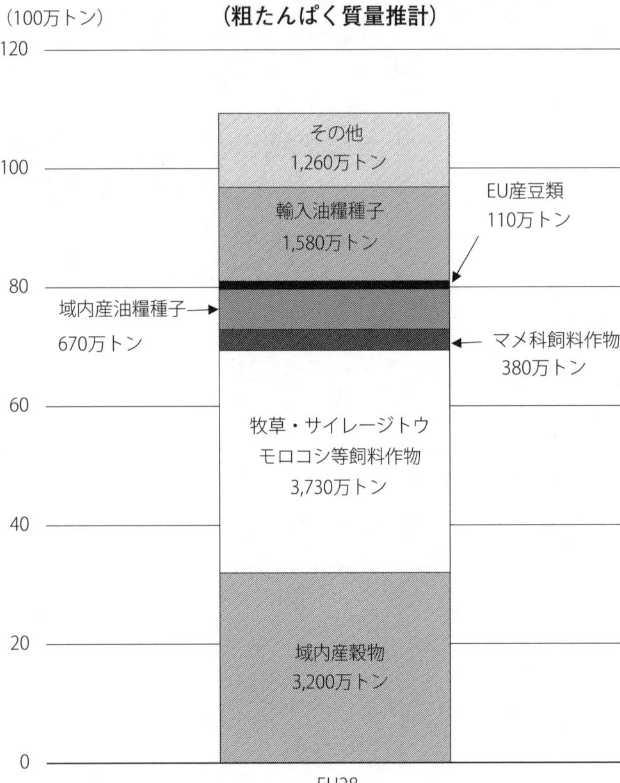

資料：European Commission, Directorate-General for Agriculture and Rural Development, Market developments and policy evaluation aspects of the plant protein sector in the EU : final report {OPL}, 2019,

大半で（87%）で、残りが主にひまわり粕と菜種粕となる。その他の1,260万ｔは主に食品やでんぷん製造からの副産物から成る（European Commission, 2019）。実際、菜種、大豆、ヒマワリの油糧種子３品目の域内自給率（域内生産量/域内利用量、2020年度）はそれぞれ、71.6%、14.7%、95.3%である。大豆の自給率の低さが際立つ。

3．たんぱく源作物の生産振興

（1）生産振興の政治的気運

短期的には肥料、飼料穀物、エネルギー価格の高騰に対する緊急支援措置が講じられる一方、中長期的にこれらの自給や節減の促進への機運が高まる。以下では輸入依存の強いたんぱく質飼料源の輸入代替と生産振興の機運をたどってみよう。

EUにおけるたんぱく源作物の自給率向上は長年のテーマであった。EC（EUの前身である欧州共同体）設立時に、国境措置により穀物生産を保護する一方、大豆を含む油糧種子については関税を大幅に削減し輸入に依存する構造ができ上がった（European Commission, 2019）。家畜飼料に必要なたんぱく質源はもっぱら大豆油粕の輸入に依存する。油糧種子の域内生産の拡大を図ろうとしたのは1970年代以降であり、またGATTウルグアイラウンド交渉以降は、EUでは「独立性」、すなわち域内で不足する生産物の自給率向上が一連の農政改革で謳われてきた（Farm Europe, 2017）。植物性たんぱく源の生産奨励につながるのはバイオ燃料の生産振興（特に菜種の油かす）、カップリング支払いにおけるマメ科作物の対象化、グリーニング（環境保全要件を伴う直接支払い）におけるマメ科作物のカウントなどがある。

こうして、欧州議会は2011年３月、「EUタンパク質不足:長年の問題に対する解決策は何か?」と題した決議を採択、農産物の国際価格の変動が大きくなる中で、輸入への大きな依存が懸念されること、たんぱく源作物の導入による栽培学的なメリット、環境負荷の軽減などの観点から生産振興すべき点を訴えた（European Parliament, 2011）。認識はされつつも今日まで十分な解決がなされなかったことがわかる。欧州議会は2018年３月にも、たんぱく源作物の振興に関するEU戦略―EU農業部門におけるたんぱく源作物およびマメ科作物の生産奨励について―を決議、振興方策についてより具体的な提案を行った（European Parliament, 2018）。

2017年7月、EUにおける大豆やマメ科作物の生産振興についてドイツとハンガリーが提案、クロアチア、フィンランド、フランス、ドイツ、ハンガリー、ルクセンブルグ、オランダ、ポーランド、ルーマニア、スロベニア、スロバキアの計13か国が欧州大豆宣言に署名した[3)]。上述の通り、大豆をはじめとした植物たんぱく質源の輸入依存度が高いこと、そしてその大部分が遺伝子組み換え作物であることが背景にある。欧州大豆宣言では2001年に採択されたEU持続性戦略を引きながら、それが目指す資源の過度な採掘の抑制、生態系サービスの認知の向上、生物多様性の減少の抑止につながるとしてマメ科作物の活用の重要性を説いた。栽培学的にはマメ科作物は栽培システムの多様化を通して、抑草や病害虫防除に寄与する中断作物（break crops）となり農薬使用を低減、大気中の窒素を固定するため窒素肥料の投入削減や後作となる穀物類の増収をもたらす。

これに先立って、2013年、EU非加盟国を含めたドナウ大豆宣言にクロアチア、オーストリア、セルビア、スロベニア、ハンガリー、スイス、ルーマニア、ボスニア・ヘルツェゴビナ、およびドイツのバイエルン、バーデン・ヴュルテンベルク両州の農業大臣が署名、高品質の大豆の栽培とマーケティングを促進し、地域内における非遺伝子組み換え作物の大豆の生産推進を確認した[4)]。2012年にオーストリアに一定の品質を満たした非組み換え大豆の生産推進とその認証を行う目的でドナウ大豆協会（Donau Soja Organization）が設立されたが、ドナウ大豆宣言はこのような活動を関係国政府の支援のもとドナウ川沿岸諸国に拡大することを目指した。

さらに2021年12月、フランスとオーストリアは共同で植物性たんぱく源に関する宣言「欧州たんぱく源戦略、およびEUの自給向上にむけて」を発表、欧州委員会に欧州たんぱく源戦略を策定するよう求めた[5)]。両国はかねてより国内でたんぱく源作物の生産奨励を行ってきた。フランスでは2014年より植物性たんぱく源計画を政府が打ち出し（Ministère de l'agriculture, de l'agroalimentaire et de la forêt, 2014）、直接支払いの対象作物に指定するなどの生産振興を図った。有機農業面積比率が欧州一のオーストリアでは輪作体系に組み込む作物として、非遺伝子組換えの大豆の生産奨励として取り組まれてきた。環境保全や気候変動対策として、たんぱく源作物の生産振興をもっとも重要な手段の一つとして位置づけ、EU外の森林伐採、生物多様性の減少、生態系の質の低下の軽減にも寄与するとした。両国が示す生産振興の方向は、①高い品質基準を満たす域内生産の強化、②加工部門を含めた地域のバリューチェーンの確立や輸送ルートの短縮、③生産者、加工業者、消費者等のニーズに合わせた品種改良、④地場生産のマメ科作物の消費を通じて栄養と健康に関する政府勧告に則った多様なたんぱく質の摂取、⑤植物タンパク質と窒素循環に関する国際共同研究プログラムと技術革新の支援である。

2015年に欧州8か国の環境相が署名したアムステルダム宣言「農産品チェーンによる森林破壊の解消に向けて」にも触れていいだろう[6)]。欧州諸国およびEUの加盟国として、持続可能で森林破壊のない農産物サプライチェーンを2020年までに実現するという民間部門、公共部門のコミットメントを支援することが謳われた。取り組むべき品目として挙げられるのが、牛肉・牛革、パーム油、紙・パルプ、カカオ、ゴム、そして大豆である。大豆に関する取り組みには合法的かつ森林や価値ある在来の植生を保全することを約束して生産された大豆のみを国内で使用することを目指す各国の業際団体（national soya initiatives）への支援がある[7)]。各国の業際団体には先に触れたオーストリアのドナウ大豆機関や生産者団体、流通業界、飼料製造業界などで組織されるフランスの持続的な家畜飼料推進機関（DURALIM）がある。各国におけるマメ科作物の生産振興や消費者啓発に加えて、持続的で責任ある貿易による飼料生産が目標に据えられる。

2022年3月には、欧州議会がフランスとオーストリアが求めるEUたんぱく源作物戦略の策定について欧州委員会に対して策定いかんを問う質問状を提出した（European Parliament, 2022a）。欧州委員会は輸入依存の軽減が重要として、両国のたんぱく源作物の生産能力の向上に関する発議を歓迎した。そして、上述の2022年3月、ロシアによるウクライナ侵攻を受けて開催されたEU非公式首脳会議はベルサイユ宣言において植物たんぱく源の増産による輸入農産物、農業資材の域外依存の軽減に言及した。こうして、マメ科作物の生産振興はEUおよび加盟国農政の重要課題と位置づけらたことがわかるだろう。

(2) 植物性たんぱく質源の市場区分

植物性たんぱく質の市場は従来型の飼料源、高付加価値飼料、食品の３つの市場に分かれる (European Commission, 2018)。従来の油糧種子にみるグローバルな市場を通じた国際ビジネスによる供給、一定の気象条件や生産条件のもとで成立する産地を中心とした地方市場、そして地域レベルの生産、サプライチェーン、消費でつながるローカルな市場である。有機農産物や原産地表示など種々のラベルを取得した生産物もローカルな市場規模の生産である (Schreuder R., De Visser C., 2014)。

従来型飼料は最大の市場であるが2030年まで成長率は0.3% /年程度と推定されており、ほぼ現状維持の規模の市場である。価格に対する栄養価が求められることから、たんぱく質含量、アミノ酸含量あたりがともに高い大豆かすで占められる。

高付加価値飼料として、特に需要拡大が顕著なのが非遺伝子組み換え飼料や有機飼料である。非遺伝子組換え大豆のプレミアムは年々上昇傾向にあり、2018年にはおよそ80ユーロ/ｔ、2013年以降、組換え大豆の20~30%高となっている (European Commission, 2019)。その背景にあるのが、アニマルウェルフェア、気候変動、森林伐採などの環境影響をめぐって畜産物の生産手法に高い水準を要求する消費者ニーズがある。非組換え大豆の生産を推進するドナウ大豆機構の活動もその一環である。

食品向けの植物性タンパク質源ももはやニッチな市場ではないとも言われる。１人当たり摂取量はEU全体で増加し、それをめがけて主要な食品会社による市場参入や小売業者による独自ブランドでの参入が広がる。これらの需要を支えるのが柔軟に畜産物も取得するがそれらの消費を減らそうとするフレキシタリアンに見る消費者層だと言われる。欧州主要国の調査によれば、消費者の25～30％がベジタリアンもしくはフレキシタリアンであると回答している。また、将来自分はベジタリアンになるかもしれないと回答する割合は18～24歳で44％、25～34歳で37％と若年層で高く[8)]、食習慣の大きな変化を予感させる。

（3）生産拡大の技術的課題

家畜飼料をはじめ旺盛な域内需要があるにも関わらず、たんぱく源作物の域内生産の振興が必要なのは、生産者の作物選択において競合する小麦やトウモロコシなどの畑作物に対して収益性が低いからである（Schreuder R., De Visser C., 2014）。また域内の生産基盤が確立されないため、バリューチェーンが形成されていない。生産振興には助成金の誘因も不可欠になろうが、技術的課題、流通組織上の課題を克服する必要がある。

技術上の課題は収量増である。とりわけ、小麦やトウモロコシの収益性に匹敵する収量の改善が必要となる。例えば、小麦との収益性と比較すると、現行の価格のもとで大豆は30％の収量増（現状2.7 t /ha→3.4 t /ha）、以下、ヒマワリ31％（2.2 t /ha→2.9 t /ha）、エンドウ76％（2.7 t /ha→4.8 t /ha）、ソラマメ69％（2.7 t /ha→4.5 t /ha）、アルファルファ８％（22.9 t /ha→24.8 t /ha）の収量増が必要となる。

EUワイドのたんぱく源作物専門家グループの指摘によれば（Schreuder R., De Visser C., 2014）、小麦、大麦、トウモロコシなどの穀物に比べて収量変動が大きいが、品種改良を通じて上に示した収益上の収量ギャップの克服は可能だという。主たる穀物と比較してこれまで改良投資がずっと少なかったことがその背景にある。加えて、地中海地方における灌漑利用、地域に応じた適切な輪作体系の構築など栽培学的な技術の向上によりたんぱく源作物の収量増が期待できるほか、穀物とたんぱく源作物の混作により穀物の収量増も期待できる。また、たんぱく源作物の導入により、単調な景観の改善、病害虫予防、窒素収支の改善や窒素放出の削減が期待される。問題はたんぱく源作物について生産者が十分な知識を持っていないのが現状であり、作物単位や経営単位の収支展望、導入時の支援、種々の知見や経験に関する情報の普及が不可欠であると指摘する。

4．マメ科作物と食料安全保障

2007年から2008年にかけて世界穀物価格が高騰すると、EUにおいても数量的な側面の食料安全保障が強い関心を呼ぶこととなった。しかし、いったん穀物価格が落ち着くと量的な食料安全保障の重要性は後景に退き、地球温暖化防止や生物多様性保全などの環境保全を通じた持続的な農業生産こそが食料安全保障に重要だとする見解が支配的となる（石井, 2019）。ウクライナ戦争に先立つコロナ禍回復期の穀物や肥料価格の高騰、さらにはそれに拍車をかけた戦争の勃発による世界的な供給危機はEUの食料供給の弱点の克服という観点から再び量的な食料安全保障に注目が集まったと言える。

他方で、たんぱく源作物は栽培学的観点から、環境保全上の観点から大きなメリットがある。「Farm to Fork（農場から食卓まで）戦略」においてEUは数値目標、すなわち、2030年までに20％の化学肥料の使用削減と50％の栄養素の流失削減、50％の農薬の使用量とリスクの削減、25％以上の農地面積に占める有機農業面積割合、を定めた。この目標達成の要となるのがまさにマメ科作物を中心としたたんぱく源作物の導入であり生産拡大である。輸入依存の脱却を目指す上で求められる量的な食料安全保障上の課題と持続性こそがもたらす食料安全保障上の課題が両立したところに植物性たんぱく源の生産奨励がある。

注

1）Informal meeting of the Heads of State or Government. Versailles Declaration. 10 and 11 March 2022.

2）https://food.ec.europa.eu/safety/animal-feed_en.

3）Common Declaration of Austria, Croatia, Finland, France, Germany, Greece,

Hungary, Luxemburg, the Netherlands, Poland, Romania, Slovakia and Slovenia, European Soya Declaration - Enhancing soya and other legumes cultivation. Brussels, 17 July 2017.　後に、コソボ、モルドバ、マケドニア、モンテネグロ、スイスが調印した。

4）https://www.donausoja.org/.　なお、2014年にモルドバ、ポーランドが、2015年にウクライナ、スロバキアが調印した。

5）Declaration by the Agricultural Ministers of France Julien Denormandie and of Austria Elisabeth Köstinger on Plant-Based Proteins. “Towards a European protein strategy and thereby increasing the EU's self-sufficiency” . 17 December 2021.

6）同宣言にはベルギー、デンマーク、フランス、ドイツ、イタリア、オランダ、ノルウェー、スペイン、イギリスが調印した（Amsterdam Declaration “Towards Eliminating Deforestation from Agricultural Commodity Chains with European Countries” Amsterdam, The Netherlands, 7 December 2015.）。

7）欧州委員会は2021年11月、森林破壊による農地で生産された農産品でないという確認を業者に求める規則案（デューディィリジェンス義務化規則案）を提案し、2022年7月欧州理事会で合意されている。

8）フランスの農畜水産事業団がフランス、イギリス、ドイツ、スペインで行った菜食主義に関する消費者調査による（CREDOC, 2019）。

参考文献

CREDOC（2009）Combien de végétariens en Europe? Synthèse des résultats à partir de l'étude «Panorama de la consommation végétarienne en Europe», Les études. FranceAgriMer.

European Commission（2018）The development of plant proteins in the European Union. COM（2018）757 final, Brussels, 22.11.2018.

European Commission（2019）Market developments and policy evaluation aspects of the plant protein sector in the EU: final report.

European Commission（2022 a）Safeguarding food security and reinforcing the resilience of food systems. COM/2022/133 final.

European Commission（2022 b）Ensuring the availability and affordability of fertilisers, Factsheet. Nov. 2022.

European Commission（2022 c）, Exceptional adjustment aid to producers in the agricultural sectors（Commission Delegated Regulation（EU）2022/467）.

European Parliament（2011）Resolution of 8 March 2011 on the EU protein deficit: what solution for a long-standing problem?　2010/2111(INI）.

European Parliament（2018）Resolution on a European strategy for the promotion of protein crops – encouraging the production of protein and leguminous plants in the European agriculture sector. 2017/2116（INI）.

European Parliament（2022a）Question for written answer E-000842/2022 to the Commission. Comprehensive European protein strategy. 1.3.2022.

European Parliament（2022b）Russia's war on Ukraine: Impact on food security and EU response. At a glance. 11-04-2022.

INAPORC（2022）, Confrontée à une crise sans précédent, aggravée par le conflit en Ukraine. Communiqué de presse, Paris, le 17 mars 2022.

Farm Europe（2017）What should the EU's plant protein strategy do? A review of existing CAP measures for protein, oil protein and oilseed crops and market trends What lessons? What next? Policy Briefing.

石井圭一（2019）EUの食料安全保障―その多様な視点『食と農の羅針盤のあり方を問う―食料・農業・農村基本計画に寄せて―』日本農業年報65，農林統計協会，119-134.

Ministère de l'agriculture, de l'agroalimentaire et de la forêt（2014）Plan protéines végétales pour la France 2014-2020.

Schreuder R., De Visser C.,（2014）EIP-AGRI Focus Group Protein Crops: final report. European Commission.

〔2022年12月1日　記〕

第10章

アメリカの食料供給体制改革計画の意義と日本への示唆

西山　未真

1．食と農の関係と政策転換

2021年の「みどりの食料システム戦略」（以下、みどり戦略）の発表は、研究者や農業生産者など多くの関係者を驚かせるものであった。有機農業の実現目標など、これまでの政策的脈略と現場の動きのいずれにも連動しない唐突な印象を多くの方が持ったのではないだろうか。そうであれば、この提案を現実の社会で位置づけ、実現に向かわせるために、いくつかの作業を経なければならない。その一つの作業として本稿は、アメリカで始まった食料供給体制改革のプロセスを手がかりとし、アメリカにおける一連の食と農の関係に関連する政策や実践を振り返りながら、新型コロナ以降の政策転換の意義を明らかにする。さらに、アメリカでの実績を踏まえながら、日本の食と農の関係の現在の位置を確認し、食と農の関係から見える基本法見直しに必要とされる課題を整理したい。

2．アメリカにおける食と農の関係の変化と食料供給体制の改革

（1）アメリカにおける食と農の関係の変化

1980年代以降活発化したといえる食の民主化運動は、グローバル化の進展による負の影響を大きく受ける地域社会において、ローカルの食の大切さ、地域における農の大切さ、地域において食と農が結びつくことの大切さを掲げる、ローカルフード運動やオルタナティブフードネットワークとして広がった。この背景や具体的な経緯については西山（2021）を参照いただきた

いが、これまでアメリカ農政が食と農の関係に大きく切り込んだのは、1990年代を中心としたファーマーズマーケットや学校給食など、小規模生産者や貧困・栄養対策を行った一連の政策と、今回の新型コロナをきっかけとしたフードシステム全体への改革だといえる。

1990年代では、小規模生産者への支援のみならず、地域（コミュニティ）という場への注目、つまり、地域という共通の場で、これまでバラバラに活動していた小規模生産者支援、貧困支援、環境保護など異なる分野の取り組みが連携を始めたという点が注目に値した。それによって、地域の環境にも労働者にも家畜にも負荷を与えない生産方法がファーマーズマーケットの出店基準になった[1)]。さらに、ファーマーズマーケットの新鮮な農産物は栄養価が高いため、HIV感染者やエイズの患者や乳幼児、高齢者など特に栄養に配慮する必要のある人々への支援と、ファーマーズマーケット支援とをむすびつけ栄養補助プログラムとして再編された。このプログラム支援の成果は、ファーマーズマーケットの設置数の増加や栄養プログラムで配布されているフードスタンプのファーマーズマーケットでの利用額の増加などで確認することができる。

こうした一連の食と農の関係構築の取り組みは、一定程度評価されてきたといえるが、これまではオルタナティブなものとしての位置づけに変わりがなかった。しかしながら、2000年代に入ってから経済格差がもたらす健康格差、食の供給格差など、地域や世帯レベルで深刻な問題をひき起していることが明らかになるに連れ、地域ベースの食と農の取り組みの持っている問題解決力の大きさがこれまで以上に注目されるようになった。例えば、カナダのトロント市の食と農をめぐる一連の取り組みは、地域食堂の無料開放といった地域の個別の取り組みから、コミュニティガーデン、ファーマーズマーケットとフードバンクを連携させることでコミュニティや世帯レベルでの食料安全保障を確保する体制がつくられている。そのことが今回の新型コロナ禍のフードシステムの混乱にもうまく機能したことが明らかにされた[2)]。

このように従来のグローバルレベルで経済効率性を追求したフードシステ

ムの限界が露呈し、持続可能なフードシステムへの移行が必要なことは、FAOでも概念枠組みを示しながら説明している[3)]。ここでいう持続可能なフードシステムとは、将来の世代のために食料安全保障と栄養を生み出す経済的、社会的、環境的基盤が損なわれないように、すべての人に安全な食料と栄養を提供するフードシステムである。しかし、近年のフードシステムを巡る状況は、人口増加、都市化、消費パターンの変化、グローバル化、さらには気候変動、天然資源の枯渇など、急激に変化しており、それに伴う構造変化は、食料安全保障と栄養状態に広範な影響を及ぼす可能性がある。こうしたフードシステムの変化に対応するためには、従来どおりの部門ごとのアプローチではなく、農業、貿易、政策、健康、環境、ジェンダー規範、教育、輸送、インフラなど様々な側面において、地域、国、世界レベルの官民すべての関係者が統合的に行動を起こす必要があるとFAOは指摘している。さらに、統合的に行動を起こすということに対して、従来のアプローチの限界に対応するものとして、フードシステム全体として捉え、すべての要素、その関係、関連する効果を考慮する思考法であり、行動様式であるフードシステムアプローチを紹介している。つまり、現在の複雑かつ不安定な食料供給体制や栄養問題に対処し、統合的にフードシステム改革に取り組むためには、官民一体となって臨んでいかなければならない。そのために、統合的な行動様式であるフードシステムアプローチにより、環境的、経済的、社会的に持続可能なフードシステムへの移行のための方法が示されたのである。

今回のアメリカにおける食料供給体制の改革は、もちろん新型コロナによる影響からの教訓であることは間違いない。しかし新型コロナ以前にすでに構造転換の必要性は、FAOの枠組みにみるように世界の共通の認識だったとわかる。したがって、2021年２月に署名された大統領令14017のアメリカのサプライチェーンの改革は、新型コロナの影響という特別災害に対する一時的な救済のためだけではなく、これまで長年に渡って蓄積された構造的歪みを正すための、歴史的改革の始まりであるととらえるべきではないだろうか。

（2）新型コロナの後の食料供給体制の改革

新型コロナによるフードシステムへの影響は、日本よりもアメリカでより顕著に現れた。いくつかの食品会社のクラスターによる工場閉鎖などで、フードシステムの寸断がおこり、消費者は、食料の獲得の頻度、量、さらに、調達先の変更を余儀なくされた。USDAとケンタッキー大などによる、消費者への新型コロナの影響調査によると[4)]、驚くべきことに約７割の世帯で食料獲得において、時間、場所、量を変更せざるを得なかったと回答している。同時に、約６割の世帯で、ファーマーズマーケットや地元の食料品店などを利用することで、地元の食は入手しやすいと回答している。さらに興味深いことに、約３割の世帯で家庭菜園などで自分で食べ物を育てていた。

このような新型コロナによるフードシステムの混乱を教訓として、2021年２月に署名された大統領令により、USDAでは2021年６月８日には地域ベースのサプライチェーンを強化するために40億ドル以上を投資する計画であるBUILD BACK BETTERイニシアチブ[5)]を発表した。資金はアメリカ救助計画法と2021年の連結歳出法などの継続したパンデミック支援から提供されると明記されている。

BUILD BACK BETTERイニシアチブで優先事項とされている項目は、４つのカテゴリーに分類されている。「食料生産」「食品加工」「食品の流通と集約」「市場と消費者」の４つであり、より柔軟で弾力性のある、地域ベースの食料供給体制を構築するための支援策として、すべての生産者にとってより公正な市場に、そしてすべての地域（コミュニティ）にとって安全で健康的で栄養価の高い食品にアクセスできるように、アメリカの農村部のインフラとクリーンエネルギーに歴史的な投資を行い、体系的な障壁を取り除くことに取り組もうとしている。

より具体的な改革計画は、2022年６月１日に発表された[6)]。ここで重要なのは、パンデミックの影響とその教訓から具体的な対策を導き出し、長年の構造的課題に対処するための改革だと位置づけている点である。つまり、持続可能なフードシステムの具体像が示されており、その実現のための投資を行うと明記している。このことは、政策の大きな転換を示しているといえるのである。この計画の表明に対して、生産者、生産者団体、科学者・学会などからは強い賛成の意見が寄せられている[7)]一方で、今回の支援の対象が地方の中小規模の生産者や地域ベースの事業者が中心であることから、大規模生産者や大手の加工、販売事業者などからは、反発の意見も出ていることは容易に推測される[8)]。大統領の中間選挙の結果は今回の計画に追い風にはならない見通しであるが、SDGsの文脈からも、先に触れたFAOの報告からも、持続可能なフードシステムへの移行は不可欠であろう。

改革計画では４つの目標を掲げ、構造改革にアプローチしようとしている。まず１つ目は、CO_2排出を減らし、生産者と消費者により多くの市場の機会を提供し、柔軟で弾力性のあるフードサプライチェーンを構築することである。より弾力性を持つために、将来のフードシステムは、より分散し、ロー

表 10-1　食料供給体制改革計画の事業別予算額

	事業投資内容	予算額
農業生産	有機農業への移行	3億ドル
	都市農業支援	7,500万ドル
食品加工	労働者の訓練と安全な職場環境	1億ドル
	農場内食品安全保障認証	2億ドル
	食肉・家禽加工以外のインフラ整備	6億ドル
食品の流通と集荷	地域食品ビジネスセンターの開設	4億ドル
	Farm to School プログラム	6,000万ドル
	食品ロスと廃棄物を防止・削減	9,000万ドル
市場と消費者	買い物弱者支援	1億5,500万ドル
	ファーマーズマーケット高齢者栄養補助プログラム	5,000万ドル
	生鮮食品の影響評価プロジェクト支援	4,000万ドル
	補助栄養食品支援の電子給付移転（EBT）技術の普及促進	2,500万ドル
	学校給食改善奨励基金	1億ドル
合計		21億9,500万ドル
すでに公表されている関連事業	食品サプライローン保証	1億ドル
	食肉・家禽加工工場	3億7,500万ドル
	食肉・家禽サプライチェーンのネットワーク構築	2,500万ドル
	地方の食肉・家禽加工部門への投資	2億7,500万ドル

資料：USDA Announces Framework for Shoring Up the Food Supply Chain and Transforming the Food System to Be Fairer, More Competitive, More Resilient　より筆者作成。

カルベースであることが必要であることを明記している。そのことで、農村コミュニティに新しい経済的機会と雇用創出の支援ができ、地域経済循環による地域資源の許容力を増加させることで、生産者や消費者の選択肢も増え、フードサプライチェーンによる環境への負荷も軽減できるとしている。2つ目は、公正なフードシステムの構築である。現在生産者の手取りは1ドルのうち14セントまで減少しており、今回の支援計画によって生産者と消費者に公正な取引が実現できるようにするとしている。3つ目は、消費者にとって栄養価の高い食品を手頃な価格でアクセスできるようにすることである。4つ目は、農村コミュニティ間格差を是正するための、より小さな町やサービスが行き届いていないコミュニティに公平な成長への移行を促し、貧困から抜け出す支援をするとしている。

これらの目標が、先に述べた4つのカテゴリーごとに具体的に対応策が挙げられている。**表10-1**に食料供給体制改革の内容と支援額を示した。以下項目ごとに支援内容を説明する。

1）食料生産

食料生産の段階では、中小規模の生産者支援と新規参入者支援が重視されており、特に地元で生産・加工・販売する選択肢を増やすことで、経済性と環境親和性の両立を目指していくとしている。そのためには、以下の2つの項目が支援される。

①有機農業への移行イニシアチブ

生産者の有機農業への移行を包括的にサポートしていくために最大3億ドルを支出する[9)]。有機農業への移行は、有機農産物の市場でのプレミアム価格が生産者の手取りを増やすことにつながり、また、気候と環境の両面において利点があると説明されている。具体的な支援は、認定生産者の有機認証費用の25%を補償し、認定カテゴリー（作物、家畜、野生生物など）ごとに最大250ドル支出される。これには、申請料、検査料、USDAオーガニック認証料、州のオーガニックプログラム料などが含まれる。

②都市農業支援

都市農業を支援するために最大7,500万ドルが支援される。都市の農場からコミュニティガーデンに至るまで都市農業は、地域経済に貢献しながら、生産者と消費者を食料や農業の担い手としてお互いに結びつける上で重要な役割を果たしていると評価している。都市生産者の研修などを支援するために関連組織と協定関係をむすぶ費用に投資される。こうした都市農業支援は、栄養価の高い食品へのアクセスを拡大し、コミュニティの関与を促し、気候変動に対する意識を高め、都市部の影響を軽減し、雇用機会を創出し、消費者への農業教育も行い、緑地を拡大することを目的としている。

2）食品加工

食品加工でも、効率性を重視し統合された加工処理システムは、パンデミックにより供給ボトルネックを生み出したことから、地方分散型の食品システムを構築するために、次のような支援を実施している。

①労働者の訓練と安全な職場環境支援

食肉・家禽加工工場には、適切に訓練を受けた労働力が不可欠である。しかしながら、そうしたプログラムがこれまでなかったため、最大1億ドルの投資を行う。

②農場内食品安全保障認証

農場内の食品安全保障認証への支援を行うことで、これまで認証費用がハードルとなっていて市場に参入できなかった生産者に新しい機会を与えることが期待できる。

③食肉・家禽加工プログラム以外のインフラ整備

食肉・家禽以外の加工食品のサプライチェーンのインフラストラクチャ支援のために最大6億ドルの財政援助を行う。これらによって、食品部門の限られた処理、流通、貯蔵、および集約能力に対処するための投資を行うとしている。

また、食品可能に関してすでに公表されている関連事業には、以下のものがある。

④食品サプライローン保証プログラム

食品加工、流通、集約インフラに投資する民間の投資家に対する支援である。USDAは、10億ドルの保証付きローンをすぐに利用可能にするために1億ドルの支援を実施した。

⑤食肉および家禽加工工場プロジェクト

より多様な処理能力がフードシステムの回復力を高めることが今回のパンデミックでは明らかになったため、個別の食肉・家禽加工工場建設のために最大3億7,500万ドルが用意された。

⑥食肉や家禽サプライチェーンのネットワーク構築

食肉や家禽サプライチェーンのネットワーク構築に2,500万ドルが充てられている。より専門的かつ複雑な施設の立ち上げや稼働のための情報共有などに役立てることが期待されている。

⑦地方の食肉・家禽加工部門への投資

食肉や家禽加工部門への投資の機会の格差を解消するために、貸し手と提携して最大2億7,500万ドルの投資を行う。

3）食品の流通と集荷

①中小規模の食品及び農業事業のための地域食品ビジネスセンターの開設

加工・流通・集荷、市場アクセスの課題に焦点を当てた中小規模の食品および農業事業に調整、技術支援、建物建設支援を提供する地域の食品ビジネスセンターを開設するための４億ドルの投資を行う。固有の地域資源や地域市場と関連の深い食品産業は、中小企業庁の提供する中小企業支援では不十分であり、より地域ベースの事業や地域市場を開発するためには、これまで十分な支援を受けていないコミュニティレベルへの支援をターゲットにするように制度設計されている。

②Farm to Schoolプログラム

Farm to Schoolプログラム[10]を通じて食品購入を増加させるために、6,000万ドルが投資される。

③食品ロスと廃棄物を防止・削減

2019年実績で見ると、米国の食料供給量の３分の１が廃棄されているため、食品ロスと廃棄物を防止・削減するために最大9,000万ドルを投資する。また、USDAはコミュニティ堆肥および廃棄物戦略を支援するための投資も行う。

4）市場と消費者

パンデミックによるフードシステムの寸断を経験し、安全・安心な食品に手頃な価格でアクセスできない消費者のために、以下のような投資を行い、多様な生産者が新規や拡大された市場にアクセスできるように支援する。

①買い物弱者支援

買い物弱者支援として１億5,500万ドルを追加支援する。これによって、手頃な価格で健康な食品へのアクセスを可能にする。この投資は、これまで食品店など食品小売業者が十分に立地していないコミュニティに対して、健康な食品を提供する事業体に助成金と貸出資金の提供として行われる。このことによって、地域の生産者には地域に新しい市場の機会を提供し、小規模で独立した小売業者の経営を安定させ、低所得者コミュニティでの質の高い仕事と経済的機会の創出を狙っている。

②ファーマーズマーケットにおける高齢者栄養補助栄養プログラム

ファーマーズマーケットにおける高齢者栄養補助栄養プログラムに5,000万ドルの追加支援を行う。地元産の果物や野菜を購入できるファーマーズマーケットを増やすことで、高齢者の栄養摂取状況を改善する目的がある。

③生鮮食品の影響評価プロジェクト支援

このプログラムは、新鮮な果物や野菜の消費を増やし、健康を改善し、食料不安を軽減するために、生鮮食品の摂取状況を実証・評価するプロジェクトを支援する。4,000万ドルが追加支援される。

④補助栄養食品支援（SNAP）プログラムの電子給付移転（EBT）技術の普及促進

SNAPの電子給付移転（EBT）技術の普及を促進させるために2,500万ドルが提供される。

⑤学校給食改善奨励基金

新しく健康食品奨励基金を設立し、学校食料当局が子どもたちに学校給食の栄養の質を向上させるための支援を行う。１億ドルが投資される。

（3）小括　食料供給体制の改革計画から見えてくるもの

新型コロナによる食料供給への影響が大きくこの教訓から、今回の改革計画は具体的に導き出されたといえる。つまりこれまでの、少数の地域に集中した生産能力に依存し、農場から食卓に届くまでに多くのステップを必要とする食料システムから、より分散し、地域に根ざしたフードシステム構築に舵を切った。これまでも食と農の関係、つまりファーマーズマーケットやFarm to Schoolプログラムなど、地域ベースの取り組みにも支援を行ってはきたが、あくまでグローバルサプライチェーンに対するオルタナティブという位置づけに過ぎなかった。しかし、今回の改革計画は、持続可能な、つまり弾力性のある柔軟なフードシステムへの移行を表明しているため、オルタナティブではなくもう一つのメインシステムとして位置づけられたといえる。22億ドル（約3兆円）の巨大予算を充てていることからもそれが理解できる。

今回の食料供給体制改善計画では、地域レベルに分散した、中小規模の事業者が存在することによる地域ベースのフードシステムの弾力性・柔軟性が強調されている。これまでの少数の大規模集中型ではなく、多数の中小規模の地方分散型が、環境的にも社会的にも経済的にも持続可能であるということを、グローバル経済の牽引役であったアメリカで表明したことの意義は大きい。他国においても、持続可能なフードシステム構築に向けた具体的な対策を講じるという影響があるのではないかと興味を惹かれる。

3．日本における食と農の系譜とみどり戦略実現化のための課題

持続的なフードシステムへの転換のプロセスを具体的に示したアメリカの食料供給体制改革に対して、この節では、日本における食と農の関係の現在の位置と持続可能なフードシステム転換への政策的課題を確認したい。

（1）日本における食と農の系譜

日本における食と農の関係の系譜の詳細については西山（2021）で示したが、ここでは、食と農の関係の現在位置を確認するために、簡単に振り返っておきたい。**図10-1**は、高度経済成長期以降の日本における食と農の関係の特徴を時代ごとに示したものである。ここでは、①期（1970－90年代）、

図10-1　食と農の関係の系譜

	年代	食と農の関係　特徴的な取り組み	目指してきたもの	主体	広がり
①期	1970	農家の自給運動	農家の食生活の取り戻し	農村女性	集落
		産消提携運動	安全、健康、環境	生産者、消費者	産地と消費地のグループ
	1980	産直の組織化	環境、地域の経済的自立	生産者、消費者	農協と生協の協同組合
	1990	農村女性による起業化	地域性と経済性の両立	農村女性	集落
②期	2000	地産地消	食の安全安心、地域資源	生産者、消費者	地域
③期	2010	食でつながる社会・フードバンク・子ども食堂	地域自給、地域経済循環	住民（市民）	地域
	2020	COVID-19			

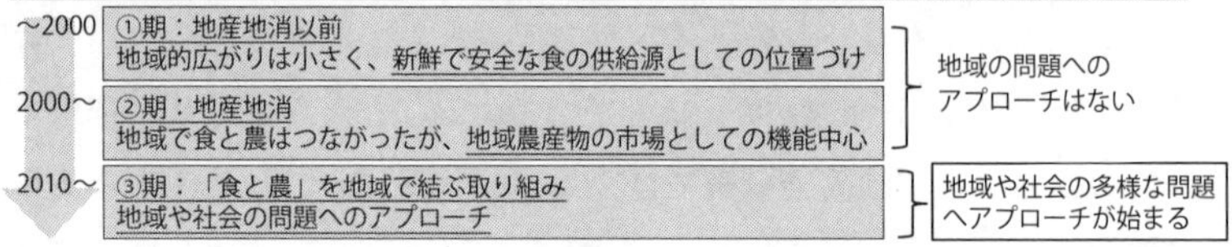

~2000　①期：地産地消以前
地域的広がりは小さく、新鮮で安全な食の供給源としての位置づけ

2000~　②期：地産地消
地域で食と農はつながったが、地域農産物の市場としての機能中心

（①期・②期）地域の問題へのアプローチはない

2010~　③期：「食と農」を地域で結ぶ取り組み
地域や社会の問題へのアプローチ

（③期）地域や社会の多様な問題へアプローチが始まる

②期（2000年代）、③期（2010年代－現在）と３つに時期区分し、それぞれの時代区分ごとの食と農の関係の特徴を整理した。ここで整理したことは、①期では生産者も消費者も含めた地域という場での結びつきは見いだせなかったが、②期以降、つまり政策的に地産地消が位置づけられて以降は、生産者と消費者に共通する地域という場が認識されたこと、さらに③期以降、つまり東日本大震災以降は、食と農の関係が結ばれることで、地域や社会の多様な問題へのアプローチが始まっているということである。一方、①期から③期の食と農の関係における共通点は、いずれもメインストリームのフードシステムに対するオルタナティブな位置づけだということである。大量生産大量消費に向けて流通網が整備されていった経済成長期にかさなる①期はいうまでもなく、食と農の関係はいずれもオルタナティブな小さな取り組みであり、女性起業化の動きも、農業経営に対する別個の取り組みとして位置づけられ始まった例が多い。②期の地産地消も、言葉として、あるいは食育や学校給食などとともに、自治体主導で広がっているには違いないが、日常のフードシステムとして位置づけられているとは言い難い。JAの地産地消に対する立ち位置から考えても明らかである。

（2）新型コロナの影響と今後の食と農

しかしながら、新型コロナ以降、こうした食と農の関係の位置に変化がみられている。新型コロナ後は、ショートサプライチェーンでの消費が増加している。このことは、経済効率性を重視した食の流通に依存していると非常時に自身の食が確保できないかもしれないこと、農との関係性を築くことが食を確保する意味で安全・安心であることに多くの人が気づいたことを示しているとるのではないか。新型コロナの収束が見通せない中でのロシアによるウクライナ侵攻は、将来に対する人々の不安を高めたことは言うまでもないが、こうした有事に加えて、平時でも、経済格差拡大、ストレス社会の深刻化、社会的孤立、環境問題が顕在化している。こうしたことを背景に、食と農をつなぐ取り組みは、質的に新しい段階に入りつつあると考えられる。

先に見た食と農の関係の系譜では、かつての食と農をつなぐ行為が果たす役割は、新鮮で安全な食料供給が中心だった。一方現在は、いのち、人と人のつながり、主体性、人と地域（土地）とのつながりなど、食と農の関係は人間の、より深く重要な問題に影響を及ぼしていることがわかる。新型コロナを経験した今、私たちはいのちを支える食を自身で選択しづらくなっていることへの気づきがあった。それゆえ、現在の食と農の関係は、かつて一部の人に支持されていたオルタナティブな存在から、自分自身のいのちを本気で考えようとする多くの人にとって不可欠なものとなってきているのではないだろうか。

（3）基本計画に必要な視点

こうした状況を、みどり戦略はどのように後押ししているのだろうか。例えば、有機農業を拡大するための「オーガニックビレッジ」（有機農業に地域ぐるみで取り組む産地）の選定が進み、各地域で走り出しているが、有機農業への一般消費者の関心は高まっただろうか。オーガニック学校給食フォーラムがオンラインも含め3,000人を超える聴衆を集めたが、そもそも地産地消による学校給食の達成はどの程度なのだろうか。地域レベルでみると、市場流通と地産地消とのミゾ、慣行栽培と有機栽培とのミゾはまだまだ埋められていないことがはっきりわかる。

みどり戦略においても、「持続可能な食料システムの構築」という表現は登場するが、国産農産物の消費拡大によって農業生産を維持しつつ食料安全保障を確保するシステムのことだと言い換えている。つまり、このシステムで国レベルの食料安全保障は確保できても、コミュニティ、世帯レベルでの食料安全保障という問題に差し迫れていない。FAOでもアメリカでもトロント市でも焦点を当てているのは、コミュニティや世帯レベルでの食料安全保障である。

みどり戦略での具体的施策は、環境への影響、担い手不足問題、革新的生産技術、地域重視のライフスタイル、生産者と消費者の相互理解と連携による健康で栄養バランスの取れた日本型食生活、地域経済循環など必要なキーワードがバラバラに登場する印象であり、それぞれの有機的なつながりが見いだせない。

こうした状況の中で参考にしたいのは、総合的食農政策の視点である注[11)]。総合的食農政策とは、先に紹介したトロント市の取り組みの基盤となっているフードポリシー[12)]を日本的文脈で表現した言葉である。食の民主化、つまりあらゆる立場の人が等しく健康な食にアクセスできるようにすることが優先的課題である。食を起点に、例えば、食へのアクセスが容易でない地域や世帯を対象に解決策を考えてみる。アクセスが容易でない地域や世帯が集まる場所に、市民農園やフードバンクを配置するというのも一つの解決策になろう。都市の中の農園は、ヒートアイランドや温室効果ガスの抑制も期待できる。食料の生産に重点が置かれた農業政策から、あらゆる人の食の確保を優先的に考える総合的食農政策への転換が、食と農に横たわるミゾを埋める手がかりになるのではないだろうか。

4．誰のための食の確保か？―総合的食農政策の必要性―

アメリカにおける食料供給体制の改革は、新型コロナの教訓により見出した、これからの社会の転換の動きに先鞭をつけるものと期待したい。翻って日本の食料供給体制は、消費者や地域レベルでは、フードシステムの転換を必要としたが、政策レベルでは、キーワードが示されているのみで具体的な動きには結びついていない。具体的に誰の食を確保するための政策なのかから考えていくために、日本でも総合的食農政策の視点を取り入れることの必要性を指摘してまとめとしたい。

注

1）例えば、ウィスコンシン州のファーマーズマーケットの出店基準はFresh Farm Atlas（https://farmfreshatlas.org/about-us）に明示されている。
2）西山（2021）、西山（2022）などを参照のこと。
3）FAO2018, Sustainable food systems: Concept and framework, https://www.fao.org/3/ca2079en/CA2079EN.pdf
4）https://lfscovid.localfoodeconomics.com
5）https://www.usda.gov/build-back-better
6）Build Back Betterイニシアチブから今年の改革計画までの間に、大統領令から1年以内に報告義務のある研究者らによる詳細な評価であるレポートが提出され、これに基づいて、より詳細で具体的な政策が2022年6月に発表された。https://www.ams.usda.gov/sites/default/files/media/USDAAgriFoodSupplyChainReport.pdf
7）https://usda-exposure-co.translate.goog/transforming-the-us-food-system?_x_tr_sl=en&_x_tr_tl=ja&_x_tr_hl=ja&_x_tr_pto=sc
8）薄井は、共和党の議員の厳しいコメントを紹介し、アメリカの食料農業政策を巡って両党の間に更なる対立を生むのではないかと述べている。
9）OTECPイニシアチブ　2021年4月に発表　https://www.fsa.usda.gov/news-room/news-releases/2021/usda-builds-pandemic-support-for-certified-organic-and-transitioning-operations
10）Farm to Schoolプログラムは、子供に健康で新鮮な食べ物を提供しながら、子供の栄養プログラムを通じて農家の市場を増やすというこれまでに実績のあるプログラムである。

11）秋津（2022）などを参照のこと。

12）Lang.T Food Policy（2009）を参照のこと。

引用文献

秋津元輝（2021）「農業政策から食農政策へ―食に関わる者たちすべての参加を前提に―」『農業と経済』2021年夏号（87巻５号）、pp.43-54

薄井寛（2022）「バイデン農政と中間選挙　食料供給体制の改革（下）―歴史的な大転換への評価は―」JAcom、2022年７月６日

西山未真（2021）「食と農の関係からみた持続可能な社会の展望―ポスト・コロナ社会を見据えて―」『農業経済研究』93(2)、pp.146-158

西山未真（2022）「みどりの食料システム戦略は、地域における食と農の未来をひらけるか？」『日本農政の基本方向をめぐる論争点―緑の食料システム戦略を素材として―』pp.145-156、農林統計協会

Lang Tim, David Barling and Martin Caraher（2009）, Food Policy: Integrating Health, Environment and Society, Oxford University Press, Oxford

〔2022年12月5日　記〕

執筆者紹介（執筆順、所属・肩書は執筆時）

総　論　谷口信和（たにぐちのぶかず）（東京大学名誉教授）

第Ⅰ部　基本法は本来の食料安全保障をどう位置づけるべきか

第1章　武本俊彦（たけもととしひこ）（新潟食料農業大学食料産業学部教授）

第2章　安藤光義（あんどうみつよし）（東京大学大学院農学生命科学研究科教授）

第3章　平澤明彦（ひらさわあきひこ）（農林中金総合研究所理事研究員）

第4章　菅沼圭輔（すがぬまけいすけ）（東京農業大学国際食料情報学部教授）

第5章　品川　優（しながわまさる）（佐賀大学経済学部教授）

第Ⅱ部　みどり戦略を基本法の中に位置づける

第6章　蔦谷栄一（つたやえいいち）（農的社会デザイン研究所代表）

第7章　鵜川洋樹（うかわひろき）（秋田県立大学生物資源科学部教授）

第8章　東山　寛（ひがしやまかん）（北海道大学大学院農学研究院教授）

第9章　石井圭一（いしいけいいち）（東北大学大学院農学研究科教授）

第10章　西山未真（にしやまみま）（宇都宮大学農学部教授）

日本農業年報68
食料安保とみどり戦略を組み込んだ基本法改正へ
—正念場を迎えた日本農政への提言—

2023年3月3日　第１版第１刷発行

編集代表　谷口 信和
編集担当　安藤 光義
発行者　鶴見 治彦
発行所　筑波書房
東京都新宿区神楽坂２－16－5
〒162－0825
電話03（3267）8599
郵便振替00150－3－39715
http://www.tsukuba-shobo.co.jp
定価はカバーに示してあります

印刷／製本　中央精版印刷株式会社
© 2023 Printed in Japan
ISBN978-4-8119-0645-4 C3033